大型火电厂新员工培训教材

汽轮机分册

托克托发电公司 编

中国电力出版社
CHINA ELECTRIC POWER PRESS

内 容 提 要

本套《大型火电厂新员工培训教材》丛书包括锅炉、汽轮机、电气一次、电气二次、集控运行、电厂化学、热工控制及仪表、环保、燃料共九个分册，是内蒙古大唐国际托克托发电有限公司在多年员工培训实践工作及经验积累的基础上编写而成。以 600MW 及以上容量机组技术特点为主，本套书内容全面系统，注重结合生产实践，是新员工培训以及生产岗位专业人员学习和技能提升的理想教材。

本书为丛书之一《汽轮机分册》，主要讲述汽轮机本体、调速系统、凝结水系统、给水系统、循环水系统、辅助水泵、空冷系统知识及其有关设备的维护、检修、运行、操作及检查工作等内容，以及汽轮机有关阀门介绍，常用工器具使用及注意事项。

本书适合作为火电厂新员工汽轮机专业教材，以及岗位技能提升学习和培训教材，同时可作为高等院校、专业院校相关专业师生的学习参考用书。

图书在版编目（CIP）数据

大型火电厂新员工培训教材．汽轮机分册/托克托发电公司编．—北京：中国电力出版社，2020.7
ISBN 978-7-5198-4551-3

Ⅰ.①大…　Ⅱ.①托…　Ⅲ.①火电厂-蒸汽透平-技术培训-教材　Ⅳ.①TM621

中国版本图书馆 CIP 数据核字（2020）第 061984 号

出版发行：中国电力出版社
地　　　址：北京市东城区北京站西街 19 号（邮政编码 100005）
网　　　址：http：//www.cepp. sgcc. com. cn
责任编辑：宋红梅
责任校对：王小鹏
装帧设计：王红柳
责任印制：吴　迪

印　　　刷：北京天宇星印刷厂
版　　　次：2020 年 7 月第一版
印　　　次：2020 年 7 月北京第一次印刷
开　　　本：787 毫米×1092 毫米　16 开本
印　　　张：12.75
字　　　数：283 千字
印　　　数：0001—2000 册
定　　　价：59.00 元

序

习近平在中共十九大报告中指出，人才是实现民族振兴、赢得国际竞争主动的战略资源。电力行业是国民经济的支柱行业，近十多年来我国电力发展坚持以科学发展观为指导，在清洁低碳、高效发展方面取得了瞩目的成绩。目前，我国燃煤发电技术已经达到世界先进水平，部分领域达到世界领先水平，同时，随着电力体制改革纵深推进，煤电企业开启了转型发展升级的新时代，不仅需要一流的管理和研究人才，更加需要一流的能工巧匠，可以说，身处时代洪流中的煤电企业，对技能人才的渴望无比强烈、前所未有。

作为国有控股大型发电企业，同时也是世界在役最大火力发电厂，内蒙古大唐国际托克托发电有限责任公司始终坚持"崇尚技术、尊重人才"理念，致力于打造一支高素质、高技能的电力生产技能人才队伍。多年来，该企业不断探索电力企业教育培训的科学管理模式与人才评价的有效方法，形成了以员工职业生涯规划为引领的科学完备的培训体系，尤其是在生产技能人才培养的体制机制建立、资源投入、培训方法创新等方面积累了丰富且成功的经验，并于2017年被评为中电联"电力行业技能人才培育突出贡献单位"，2018年被评为国家人力资源及社会保障部"国家技能人才培育突出贡献单位"。

本套《大型火电厂新员工培训教材》丛书自2009年起在企业内部试行，经过十余年的实践、反复修订和不断完善，取精用弘，与时俱进，最终由各专业经验丰富的工程师汇编而成。丛书共分为锅炉、汽轮机、电气一次、电气二次、集控运行、电厂化学、热工控制及仪表、燃料、环保九个分册，集中体现了内蒙古大唐国际托克托发电有限责任公司各专业新员工技能培训的最高水平。实践证明，这套丛书对于培养新员工基本知识、基本技能具有显著的指导作用，是目前行业内少有的能够全面涵盖煤电企业各专业新员工培训内容的教材；同时，因其内容全面系统，并注重结合生产实践，也是生产岗位专业人员学习和技能提升的理想教材。

　　本套丛书的出版有助于促进大型火力发电机组生产技能人员的整体技术素质和技能水平的提高，从而提高发电企业安全经济运行水平。我们希望通过本套丛书的编写、出版，能够为发电企业新员工技能培训提供一个参考，更好地推进电力生产人才技能队伍建设工作，为推动电力行业高质量发展贡献力量。

2019 年 12 月 1 日

前 言

本书为《大型火电厂新员工培训教材》之一。

近年来，为进一步落实国家节能减排及环保要求，大容量、高参数、低能耗、高自动化、低污染、高可靠性的大型火力发电机组已成为我国火力发电厂的主力机型，目前国内以 600MW 及 1000MW 机组最为普及，尤其是近几年上的机组大部分为 1000MW 机组。为确保大容量机组安全、可靠、经济及环保运行，对于从业人员的岗位培训显得尤为重要。

内蒙古大唐国际托克托发电有限责任公司目前是世界最大的火力发电厂，一直将人才培养作为重点工作之一，以立足岗位成才、争做大国工匠为目标，内外部竞赛体系有机衔接，使大量高技能人才快速成长、脱颖而出，在近几年各项技能竞赛中取得了优异的成绩。

本书以亚临界、超临界、超超临界压力的 600MW 级火力发电机组进行介绍，并适当增加了部分 1000MW 机组内容。以入职新员工适应岗位、拓展知识、提升技能为目的，采用理论知识与现场实际相结合，比较系统全面地介绍了汽轮机主、辅机各设备的结构、原理、性能及检修工艺方法和注意事项，主要内容包括汽轮机常用名词术语及基础知识、汽轮机本体、调速系统、水泵、管道阀门系统及常用工器具，另外重点介绍了部分重要的检修工艺（比如联轴器找中心等），并根据各章讲述的基本原理和重要概念在每章后列出了一些思考题，帮助员工复习、巩固和思考。

本书共十章，由李欣主编，本书第一章由林显超、张春玉、董艳华编写，第二章由张凯波、汤金明、吕江、韦炜编写，第三章由王玉和、洪大智、原振东、李彬编写，第四～六章由张海红、李欣、梁永、刘德勇编写，第七章由乔文艺、王统编写，第八章由王岗、董哲明编写，第九章由范海鹏、徐向春、李金良编写，第十章由李欣、刘文、卢鹏宇编写。全书由李欣全程策划，主持编写、统稿和校对，裴林、王庆学、韩志成对全书进行了审核。本书在编写及审核过程中得到了中国电力出版社的大力支持和帮助，在此表示由衷感谢。

本书的编辑出版有助于推进现场汽轮机检修人员的学习和培训工作，有助于汽轮机检修专业人员和相关专业技术人员系统、完整的了解、认知和掌握汽轮机主、辅机设备的基本原理，有助于员工的岗位技能提升和综合素质的培养。

由于本书的编审人员经验不足、时间仓促，加之编者水平有限，疏漏之处在所难免，希望通过实践的进一步检验，读者能对发现的错误和不足之处给予批评指正，我们将总结经验、不断改进、不断完善，在后续的修订过程中优化提高。

编　者

2020 年 6 月

大型火电厂新员工培训教材

汽轮机分册

目 录

第一章

概　述

第一节　汽轮机主要名词术语

（1）热力学第一定律：热可以变为功；功也可以变为热。一定量的热消失时，必产生一定量的功；消耗了一定量的功时，必出现与之对应的一定量的热。它是整个工程热力学进行热工计算的基础，是热力学的两个定律之一。

（2）热力学第二定律：它和热力学第一定律构成热力学基本原理，是建立和分析热力循环的主要理论依据。热力学第二定律的三种说法：克劳修斯提出："热不可能自发地、不付代价地、从一个低温物体传到另一个高温物体"；汤姆逊（开尔文）和普朗克从热能和机械能的转换角度提出："不可能从单一热源取热，使之全变为功而不产生其他影响"；"单一热源的热机是不存在的"（只有热源而没有冷源的第二类永动机也是梦想）。如：火力发电厂中从高温热源（锅炉）吸收的热量只能部分转变为功，而不能全部转变为功。热力学第二定律说明了能量传递和转化的方向、条件和程度。

（3）过热蒸汽的比热容：对理想气体的比热容，我们只看成是温度的函数。但是，对于水蒸气，压力对比热容的影响则不能忽略。当温度不变压力升高时，过热蒸汽的比热容值增大（如：高压锅的原理）。温度越高，提高压力所引起的比热容变化越小。

（4）过热蒸汽的比体积：在不变的温度下，过热蒸汽的压力升高时，比体积大大减小。这一特性广泛应用于动力装置中，它使蒸汽管道及蒸汽流动设备尺寸减小，质量减轻。在压力不变的情况下，温度升高时，比体积随之增大。

（5）过热蒸汽的焓：过热蒸汽的焓是由温度和压力决定的。如果温度不变而压力增高时，过热蒸汽的焓要减小。当过热蒸汽的压力不变而温度升高时，将引起焓值增大。

（6）水蒸气的临界参数（临界点）：随着压力的增高，饱和水线与干饱和蒸汽线逐渐接近。当压力增加到某一值时，两线相交，相交点为临界点。临界点的状态参数为临界参数。水蒸气临界压力为 22.192MPa，临界温度为 374.15℃，临界比体积为 0.003 147m³/kg。

（7）饱和蒸汽：容器上部空间汽分子总数不再变化，达到动态平衡，这种状态称为饱和状态，饱和状态下的蒸汽称为饱和蒸汽；饱和状态下的水称为饱和水，这时蒸汽和水的温度称为饱和温度，对应压力称为饱和压力。

（8）湿饱和汽：饱和水与饱和汽的混合物。

（9）干饱和汽：不含水分的饱和蒸汽。

（10）过热蒸汽：蒸汽的温度高于相应压力下饱和温度，该蒸汽称为过热蒸汽。

（11）过热度：过热蒸汽的温度超出该蒸汽压力下对应的饱和温度的数值，称为过热度。

（12）汽化潜热：把 1kg 饱和水变成 1kg 饱和蒸汽所需要的热量，称为汽化潜热或汽化热。

（13）干度：湿蒸汽中含有干饱和蒸汽的质量百分数。

（14）湿度：湿蒸汽中含有饱和水的质量百分数。

（15）绝对压力（p）：以绝对真空为零点算起的流体静压力称为绝对压力。

（16）表压力（p_g）：以大气压力为零点算起的压力称为表压力（或相对压力）。$p_g = p - p_a$（p_a 为大气压力）。

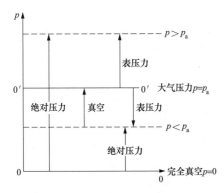

图 1-1　表压力、绝对压力、真空之间关系

（17）真空（p_v）：流体的绝对压力小于大气压力，称该流体处于真空状态。大气压与绝对压力的差值，称为真空值，即 $p_v = p_a - p$；真空值也是相对压力的负值，$p_v = -p_g$。表压力、绝对压力、真空之间的关系如图 1-1 所示。

（18）真空度（H_v）：真空值与当地大气压的比值，即 $H_v = (p_a - p)/p_a$

（19）蒸汽中间再热：为了提高发电厂的热经济性和适应大机组发展的需要，蒸汽参数不断得到提高，但是随着初压力的提高，汽轮机的排汽湿度增大，使乏汽中含有大量的水珠，碰击汽轮机末级叶片，引起腐蚀和损坏。根据运行经验，汽轮机乏汽湿度最大不超过 14%，如不采取再热，必须将主蒸汽温度升到 570℃ 以上才能保证湿度，特殊合金钢价格昂贵，而中间再热循环可有效解决这个问题。

（20）给水回热：给水回热是指利用汽轮机中做过部分功的蒸汽从汽轮机中某级抽出来在加热器中将给水加热。

（21）循环倍率：进入凝汽器的循环冷却水流量与进入凝汽器的低压缸排汽量之比。

（22）冷却倍率：每吨排汽凝结时所需要的冷却水量称为冷却倍率。

（23）对流换热：把流动的流体和固体壁面之间的热量交换称为对流换热。

（24）沸腾换热：换热温差在 5℃ 以下，相应的热负荷 <5000kcal/m^2（1kcal = 4186J）时的范围内，单相放热，称自然对流状态或微沸腾状态。当热负荷的增加超过一定数值时，一般在 $\Delta t = 5 \sim 25℃$ 范围内，加热面上的汽泡显著增加，强烈的扰动使放热系数迅速增加。在这个阶段中的沸腾换热强度决定于汽泡的产生和运动，所以把这种状态的沸腾称为泡态沸腾或沫态沸腾。工业设备中的沸腾，大多数处于这个阶段。当温差 Δt 继续增高时，会使放热系数显著降低，汽泡的大量产生形成了一层汽膜，此时靠汽膜的导热传递热量，称为膜态沸腾。显然，膜态沸腾的发生使得换热恶化，以致加热面因壁温升高而烧坏。如电站锅炉中，都将各种换热控制在泡态沸腾范围以内，还在高热负荷区内采用内螺纹管或扰流子的方式破坏膜态沸腾的发生。

（25）凝结换热：分为膜状凝结、珠状凝结。蒸汽遇到低于其饱和温度的壁面凝结成膜层状，这种凝结称为膜状凝结。若凝结液在固体表面呈珠状称为珠状凝结。

（26）汽耗率：汽轮发电机组每生产 1kWh 电能所消耗的蒸汽量，它比较全面地反映汽轮发电机组的性能特性，是一项汽轮机系统性能的综合性经济技术指标。可用于发电厂热力系统的汽水平衡计算或同类型机组间的经济性比较。

（27）凝汽器端差：凝汽器排汽压力所对应的饱和蒸汽温度与循环水出水温度的差值。

（28）凝汽器过冷度：凝汽器排汽压力所对应的饱和蒸汽温度与凝结水温度的差值。

（29）高压加热器上端差：加热器进汽压力下的饱和蒸汽温度与给水出口温度的差值（受结垢、积空气、通道泄漏、过负荷等因素影响）。

（30）高压加热器下端差：加热器疏水温度与给水入口温度的差值（受水位高或低、结垢、疏水冷却段包壳板泄漏等因素影响）。

（31）临界转速：当汽轮机升到一转速时，汽轮机转速与转子自振频率重合，汽轮机转子与轴承发生较为强烈的振动，而越过这一转速后，振动将大大减小至正常范围。这一转速称为临界转速。

（32）最佳真空与极限真空：蒸汽在汽轮机末级叶片中膨胀达到最大值时，与之对应的真空称为极限真空；最佳真空是指真空提高后所多得到的电能与提高真空所消耗的电能之差为最大时的真空值。

（33）汽轮机的"级"：在汽轮机中由喷嘴和与它组合的动叶栅所组成的基本做功单元称为"级"。

（34）汽轮发电机组轴系：用联轴器连接在同一中心线的汽轮发电机组各转子构成的回转体。

（35）半速涡动与油膜振荡：当转子受力均匀的时候，转子中心在轴承中处于一个稳定的平衡位置。转子在绕转子中心点旋转的同时，转子中心点还围绕平衡位置沿某种轨迹运行，即为涡动。涡动频率约为转子转动频率的一半，又称半速涡动。当转子的半速涡动与转子轴系的临界转速相遇时，涡动振幅将急剧增大，即为油膜振荡。油膜振荡时振幅很大，将使油膜损坏而引起轴承损坏，甚至轴系的损坏等严重事故。

（36）自激振动：是由于轴瓦油膜振荡间隙和摩擦涡动等原因造成的振荡。

（37）转子扭振：当汽轮发电机的原动力与输出功率失衡时，将在转子两端产生一种促使扭转变化的力，随着失衡的变化，扭转的幅度与方向也出现相应变化，即形成扭振。

（38）汽缸膨胀：汽轮发电机汽缸相对于基座基准点的膨胀量，从低压缸固定点起，机组向前轴承箱方向上的轴向膨胀量。

（39）差胀：轴相对于汽缸的基准点变化情况，即转动部分与静止部分的相对运动（汽轮机转子与汽缸膨胀的差值），转子的热膨胀值大于汽缸的膨胀值时的差胀为正值。

（40）振动：转子旋转过程中偏离中心位置的数值。

（41）偏心：转子受到不均匀冷却或加热，在重力的作用下产生弓弯现象。

（42）死点：热膨胀时，纵销引导轴承座和汽缸沿轴向滑动，横销与纵销作用线的交点称为死点。

（43）惰走时间：从主汽门和调门关闭时起到转子完全静止的这段时间，称为惰走时间。

（44）惰走曲线：表示转子惰走时间与转速下降关系的曲线。

（45）标准惰走曲线：新安装的汽轮机运行一段时间待各部件工作正常后，停机时测绘的转子惰走曲线，称为标准惰走曲线。利用转子的惰走曲线可以判断汽轮机设备的某些性能，并可以检查设备的某些缺陷。惰走时间短时，表明汽轮机内机械摩擦力增大，可能由于轴承工作恶化或汽轮机动静发生摩擦。惰走时间增长时，表明主汽门调门或抽汽管道上的止回阀不严，致使有压力蒸汽漏入或返回汽轮机所致。

（46）叶轮摩擦损失：由于蒸汽的黏性在叶轮表面形成附面层。由叶轮带动旋转，与黏附在隔板和汽缸壁上的附面层之间形成摩擦运动，并由于叶轮离心力的带动在汽室内形成涡流，均消耗能量，造成的损失称为叶轮摩擦损失。

（47）泵的基本性能参数：

1）流量：单位时间内输送的液体量，通常指体积流量。

2）扬程：单位质量的液体通过叶轮后所获得的能头，用米水柱高度表示，称为扬程。泵的扬程由出口表压力、静压头、速度能头、吸入口真空组成。

3）轴功率：原动机传到泵上的功率称为轴功率。

4）有效功率：单位时间内泵输送出去的液体从泵内获得的有效能量称为泵的有效功率。

5）效率：泵的有效功率与轴功率之比的百分数。

6）有效功率：通过泵的液体单位时间内从泵中获得的能量。

（48）离心泵的性能曲线：在转速不变的情况下，扬程、轴功率、效率随流量变化的关系曲线，称为离心泵的性能曲线，用试验方法绘制。离心泵在系统中实际运行的工况点称为工作点，效率最高的工作点称为最佳工况点。

（49）泵与风机的运行工况点：将管道性能曲线和泵与风机本身的性能曲线用同样的比例画在同一张图上，两条曲线的交叉点，即为泵与风机的运行工况点，又称工作点。

（50）汽蚀：在泵内某一区域的压力减小到液体相应温度饱和压力以下时，液体发生汽化产生汽泡随着液体流动，低压区的汽泡被带到高压区时突然凝结，体积突然收缩，在高压区出现空穴，四周高压液体迅速冲向汽泡中心，因而发生猛烈撞击，这种凝结、冲击不断持续下去，在叶轮表面产生蜂窝状点蚀，逐渐扩大将损坏叶片，同时伴有振动和噪声。泵内反复地出现液体汽化和凝聚过程而引起金属表面受到破坏的现象称为汽蚀现象。当流体流过局部低压区，在发生液体汽化的同时，液体中溶解的空气也被析出，而空气中的氧气对处在汽蚀区域的金属材料也有氧化腐蚀的作用。此外，在汽蚀区域发生的冲击作用将使机械能转变为热能。在局部区域的热量不会很快传出去，而使局部区域温度骤然升高，这更助长了金属的氧化，加速了化学腐蚀过程。

（51）水击（水锤）：当液体在压力管道中流动时，由于意外原因（如阀门突然开启或关闭，或者水泵突然启动或停运及其他一些停运情况）造成液体流动速度突然改变，引起管道中的压力产生反复的、急剧的变化，这种现象称为水击（水锤）。

（52）水冲击：水或者冷蒸汽进入汽轮机造成水滴与高速旋转的叶片相撞击，导致汽轮机推力轴承磨损、叶片损伤、汽缸和转子产生热应力裂纹、动静摩擦、高温金属部件永久性热变形，以及由此产生的机组振动。水冲击是汽轮机发生较多且对设备损伤较严重的恶性事故之一。

（53）汽轮机调节系统：控制汽轮机转速和输出功率的组合装置。

（54）汽轮机保安系统：汽轮机运行中必要时实行紧急停机的系统。由一套保安装置组成的保安系统，时刻监视机组的运行状态，如发现危及机组安全的异常情况，例如严重超速、油压过低、推力过大、真空急剧恶化、进水或进冷蒸汽、剧烈振动以及大轴弯曲等，立即自动（或手动）关闭主汽门和调节汽门紧急停机。

（55）调速系统的静态和动态特性：汽轮机在稳定运行时，在调节系统的作用下，其转速变化与功率输出变化的对应关系被称为静态特性。转速变动率和迟缓率是衡量静态特性的两个重要指标。汽轮机在稳定运行中当负荷突然变化后所表现出来的过渡品质称为动态特性。一般着重把汽轮机突然甩去满负荷后所表现出来的转速飞升状态表征为汽轮机的动态特性。

（56）一次调频和二次调频：当电网负荷变化引起电网频率变化时，并列运行的汽轮机按照各自的静态特性分担变化的负荷，使变化了的电网频率有所恢复，这个过程称为一次调频，可在数秒内完成。一次调频后仍有偏差，可通过调整电网中的某些机组的调节系统，使电网输出功率超过负荷需求以使电网频率恢复到额定值。这一过程称为二次调频，可在数分钟内完成。

（57）三级喷水：防止低压旁路排汽腐蚀凝汽器铜管，在进入凝汽器之前，对低压旁路排汽进一步降温，低压旁路开度大于2％时，三级喷水调节阀自动开至38％，之后随低压旁路的温度调节。

（58）氢气的露点温度：氢气在等压下进行冷却时，其中水蒸气开始凝结时的温度。

（59）迟缓率：由于调速系统各部件的摩擦、卡涩、间隙以及错油门的重叠度等，使调速系统动作迟缓，由于迟缓现象的存在，在同一功率时，转速上升与下降的转速差与额定转速的百分比称为调速系统的迟缓率。

（60）金属蠕变：在应力不变的条件下不断产生塑性变形的现象。

（61）应力松弛：零件在高温和某一应力作用下，若维持总变形不变，则随时间的增长，零件的应力逐渐降低，这种现象称为应力松弛。

（62）弹性变形：物体在受外力作用时，不论大小，均要发生变形，当外力停止作用后，如果物体能恢复到原来的形状和尺寸，这种变形称为物体的弹性变形。

第二节　汽轮机基本工作原理

一、汽轮机分类

汽轮机的类型很多，为便于使用，常按热力过程特性、工作原理、新蒸汽参数、蒸汽流动方向及用途等对汽轮机进行分类。

(一) 按热力过程特性分类

1. 凝汽式汽轮机

进入汽轮机做功的蒸汽，除很少一部分漏汽外，全部排入凝汽器，这种汽轮机称为纯凝汽式汽轮机。在近代汽轮机中，多数采用回热循环，即进入汽轮机的蒸汽，除大部分排入凝汽器外，有少部分蒸汽从汽轮机中分批抽出，用来加热锅炉给水，这种汽轮机称为有回热抽汽的凝汽式汽轮机，简称凝汽式汽轮机。

2. 背压式汽轮机

进入汽轮机做功后的蒸汽在较高的压力下排出，供工业或生活使用，这种汽轮机称为背压式汽轮机。若排汽供给其他中、低压汽轮机使用时，则称为前置式或迭置式汽轮机，这种汽轮机常在改造旧机组时使用。

3. 调节抽汽式汽轮机

在汽轮机中，若有部分蒸汽在一种或者两种给定的压力下，从汽轮机中抽出，供给工业或生活使用，其余蒸汽在汽轮机内做功后仍排入凝汽器，这种汽轮机称为调节抽汽式汽轮机。这种汽轮机装有抽汽压力调节机构，以维持抽汽压力不变。

4. 中间再热式汽轮机

新蒸汽在汽轮机前面若干级做功后，全部引至锅炉内再次加热到某一温度，然后回到汽轮机中继续膨胀做功，这种汽轮机称为中间再热式汽轮机。

(二) 按工作原理分类

1. 冲动式汽轮机

冲动式汽轮机指蒸汽主要在喷嘴中进行膨胀，在动叶中不再膨胀或膨胀很少，而主要改变流动方向，现代冲动式汽轮机各级均具有一定的反动度，即蒸汽在动叶中也发生很小的一部分膨胀，从而使汽流得到一定的加速作用，但仍算作冲动式汽轮机。

2. 反动式汽轮机

反动式汽轮机是指蒸汽不仅在喷嘴中，而且在动叶中也进行膨胀的汽轮机。反动式汽轮机一般都是多级的。

(三) 按新蒸汽参数分类

汽轮机按新蒸汽参数分类见表1-1。

表 1-1　　　　　　　　　　汽轮机按新蒸汽参数分类

汽轮机类型	新蒸汽参数（MPa）
低压汽轮机	1.2～2
中压汽轮机	2.1～8
高压汽轮机	8.1～12.5
超高压汽轮机	12.6～15.1
亚临界汽轮机	15.1～22
超临界汽轮机	22.12～25
超超临界汽轮机	25.0 以上

（四）按蒸汽流动方向分类

1. 轴流式汽轮机

蒸汽在汽轮机内流动的方向和轴平行，现各电厂运行着的汽轮机多是轴流式汽轮机。

2. 辐流式汽轮机

蒸汽主要是沿着辐向（即半径方向）流动的汽轮机。

3. 周流式汽轮机

蒸汽大致沿着轮周方向流动的汽轮机。

二、汽轮机的型号

汽轮机的型号一般包含了汽轮机的型式、容量、新蒸汽参数和再热蒸汽参数等信息，供热汽轮机型号还包括供热蒸汽参数，因此，从汽轮机的型号就可以基本判断出汽轮机的主要特征。

我国制造的汽轮机其型号大都包含三部分信息，第一部分用汉语拼音字母表示汽轮机的型式，用数字表示汽轮机的容量，即额定功率（MW）；第二部分是用几组斜线分开的数字，表示汽轮机的新蒸汽参数、再热蒸汽参数和供热蒸汽参数等信息，蒸汽压力单位为MPa，蒸汽温度单位为℃；第三部分为厂家设计序列号。汽轮机型号表示方法见表1-2。

表 1-2　　　　　　　　　　　　汽轮机型号表示方法

代号	N	B	C	CC	CB	H	Y
型号	凝汽式	背压式	一次抽汽调整式	二次抽汽调整式	抽汽背压式	船用	移动式
蒸汽参数表示方法							
汽轮机型式	参数表示方法			示例			
凝汽式	主蒸汽压力/主蒸汽温度			N100-8.83/535			
中间再热式	主蒸汽压力/主蒸汽温度/中间再热蒸汽温度			N600-16.7/538/538			
抽汽式	主蒸汽压力/高压抽汽压力/低压抽汽压力			C50-8.83/0.98/0.118			
背压式	主蒸汽压力/背压			B50-8.83/0.98			
抽汽背压式	主蒸汽压力/抽汽压力/背压			CB25-8.83/0.98/0.118			

例如：

N100-8.83/535 表示纯凝汽式汽轮机，额定功率为 100MW，主蒸汽压力和温度分别为 8.83MPa、535℃。

N600-16.7/538/538 表示纯凝汽式汽轮机，额定功率为 600MW，主蒸汽压力为 16.7MPa，主蒸汽温度和再热蒸汽温度均为 538℃。

CC50-8.83/0.98/0.118 表示二次中间抽汽调整式汽轮机，额定功率为 50MW，主蒸汽压力为 8.83MPa，第一次调整抽汽压力为 0.98MPa，第二次调整抽汽压力为 0.118MPa。

三、汽轮机的工作原理

1. 汽轮机的级

汽轮机的级（steam turbine stage）是由一列静叶栅（喷嘴）和一列动叶栅所组成的

通流部分，是汽轮机的基本做功单元。一定压力和温度的蒸汽流经级的通流部分时，产生轮周向推力带动叶轮旋转而对外输出机械功。这些级中供蒸汽流动的通道构成了汽轮机的

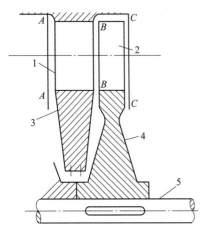

图1-2 汽轮机的级示意图

1—喷嘴；2—动叶片；3—隔板；

4—叶轮；5—轴

通流部分。一台汽轮机可由单级组成，也可以由多级组成。现代大型汽轮机均由多级串联组成，例如汽轮机的总级数可达 40 多级。汽轮机的总输出功率是汽轮机各级输出功率之和。汽轮机组的经济性和安全性很大程度上取决于每一个单级的经济性和可靠性，所以研究级内的能量转换过程是研究整个汽轮机组工作过程的基础。

汽轮机的级由喷嘴叶栅和与它相配合的动叶栅组成，如图 1-2 所示。

喷嘴叶栅是由一系列安装在隔板体上的喷嘴叶片构成，又称静叶栅。动叶栅是由一系列安装在叶轮外缘上的动叶片构成。为了分析方便，选取三个特征截面：喷嘴叶栅前截面 A-A，即级的进口截面；喷嘴

叶栅和动叶栅之间的截面 B-B，即喷嘴的出口截面；动叶栅后截面 C-C，即级的出口截面。

当蒸汽通过汽轮机级时，首先在喷嘴叶栅中将热能转变为动能，然后在动叶栅中将其动能转变为机械能，使得叶轮和轴转动，从而完成汽轮机利用蒸汽热能做功的任务。蒸汽在汽轮机级内进行能量转换，必须具备相应的条件。首先，蒸汽应具有一定的热能，即蒸汽需具有足够高的温度和压力，而且喷嘴进出口应具有一定的蒸汽压差。其次，进行能量转换的叶栅也需具备有一定的结构条件，如叶栅流道截面积的变化应满足连续流动方程，叶片的截面应为流线形，流道应具有良好的几何形状，流道的壁面应光滑等。同时，动叶栅结构形式应满足汽流产生冲动力和反动力的要求，即动叶栅必须有合理的曲面流道，且可以绕轴心线运动。此外，喷嘴叶栅喷出的高速汽流应能顺利地进入动叶栅流道，故喷嘴叶栅也应为弯曲的流道。汽轮机级的做功过程是蒸汽不断膨胀、压力逐渐降低的过程。

图 1-3 所示为蒸汽在级中做功时的热力过程线。0 点是级前的蒸汽状态点，0^* 点是汽流被等熵地滞止到初速等于零的状态点。蒸汽从滞止状态 0^* 在级内等熵膨胀到 p_2 时的比焓降 Δh_t^* 称为级的滞止理想比焓降。蒸汽从 0 点在级内等熵膨胀到 p_2 时的比焓降 Δh_t 称为级的理想比焓降。按同样定义，Δh_n^* 为喷嘴的滞止理想比焓降，而 Δh_b 为动叶的理想比焓降。实质上，级

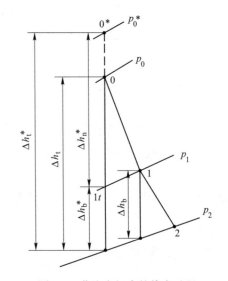

图1-3 蒸汽在级中的热力过程

的滞止理想比焓降表示在理想情况下单位质量的蒸汽流过一个级时能够做功的大小。根据热力学原理，蒸汽在级中做功的过程是不可逆过程，即熵增过程。所以 2 点为级的实际出口状态点。因为等压线向着熵增方向有扩张趋势，所以图中的 Δh_b^* 并不等于 Δh_b，这一特点将对多级汽轮机产生影响。在研究某一单级时可以认为 $\Delta h_b^* \approx \Delta h_b$。

2. 蒸汽的冲动作用原理和反动作用原理

汽轮机级内蒸汽的工作原理主要有两种：冲动作用原理和反动作用原理。

(1) 冲动作用原理。由力学可知，当一个运动物体碰到一个静止的或速度较低的物体时，就会受到阻碍而改变其速度的大小和方向，同时给阻碍它运动的物体一个作用力，这个力称为冲动力。在汽轮机中，从喷嘴中流出的高速汽流冲击在汽轮机的动叶上，在动叶流道中不断膨胀加速，受到动叶的阻碍而改变其速度的大小和方向，同时汽流给动叶一个冲动力，推动叶轮做机械功，根据能量守恒定律：运动物体动能的变化值等于其做的机械功，这就是蒸汽的冲动作用原理，利用冲动作用原理做功的级称为冲动级。

(2) 反动作用原理。由于原来静止或运动速度较小的物体，在离开或通过另一物体时，骤然获得一个较大的加速度而产生的力，这种由于膨胀加速度产生的作用力称为反动力。随着反动力的产生，蒸汽在叶栅中完成了两次能量转换，首先是蒸汽经喷嘴膨胀，其压力降低速度增加，将热能转换成蒸汽流动的动能，同时随着蒸汽在动叶栅中继续加速，又给动叶栅一个反动力，推动转子转动，完成动能到机械功的转换，利用此力推动叶轮旋转做功的原理，称为反动作用原理，利用反动作用原理做功的级称为反动级。

（三）级的反动度

为了说明汽轮机级中反动力所占的比例，即蒸汽在动叶中膨胀程度的大小，引入无量纲量——反动度，用 Ω 表示。级的反动度等于动叶的理想比焓降与级的滞止理想比焓降的比值，即：

$$\Omega = \frac{\Delta h_b}{\Delta h_t^*} \approx \frac{\Delta h_b}{\Delta h_n^* + \Delta h_b}$$

若已知级的反动度和滞止理想比焓降，则可以求出动叶的理想比焓降和喷嘴的滞止理想比焓降，即：

$$\Delta h_b = \Omega \cdot \Delta h_t^*$$
$$\Delta h_n^* = (1 - \Omega) \Delta h_t^*$$

必须指出，蒸汽参数沿着叶片高度方向是变化的，即蒸汽的比焓降也是沿叶片高度变化的，因此级的反动度不是常数，而是随着叶片高度而变化。为了研究方便，在叶片高度方向上，取叶片根部截面、叶片平均截面、叶片的顶部截面为特征截面，对应三个特征截面，相应的反动度分别表示为 Ω_r、Ω_m 和 Ω_t。实际上，级的反动度沿叶片高度是逐渐增大的，即：

$$\Omega_r < \Omega_m < \Omega_t$$

对于短叶片，如不特别指明，给出的反动度为级的平均反动度。

作为级内动叶中蒸汽膨胀程度的度量，反动度是一个很重要的特征参数。不仅影响叶片的形状，还影响级的经济性和安全性。

四、汽轮机及其装置的评价指标

汽轮机性能评价指标中有绝对效率和相对效率，以整机理想焓降为基础的效率称为相对效率，而以单位质量蒸汽在热力循环中所吸收热量为基础的效率称为绝对效率。

（一）汽轮机的相对效率

（1）汽轮机的相对效率——有效比焓降与理想比焓降之比，即：

$$\eta_i = \frac{\Delta h_i^{\mathrm{mac}}}{\Delta h_t^{\mathrm{mac}}}$$

相应的，汽轮机的内功率为：

$$p_i = \frac{D_0 \Delta h_t^{\mathrm{mac}} \eta_i}{3.6} = G_0 \Delta h_i^{\mathrm{mac}} \eta_i$$

式中　D_0——进汽流量，t/h；

　　　G_0——进气流量，kg/s。

（2）机械效率——汽轮机的轴端功率 p_e 与汽轮机的内功率 p_i 之比，其描述了轴承摩擦、主油泵等的功率损耗 $\eta_m = p_e / p_i$，即：

$$P_e = \eta_m P_i = \frac{D_0 \Delta h_t^{\mathrm{mac}} \eta_i \eta_m}{3.6} = G_0 \Delta h_i^{\mathrm{mac}} \eta_i \eta_m$$

（3）发电机效率——发电机输出功率与汽轮机轴端功率之比，即：

$$\eta_g = p_{el} / p_e$$

（4）汽轮发电机组相对效率为 $\eta_{el} = \eta_i \eta_m \eta_g$，即：

$$P_{el} = \frac{D_0 \Delta h_t^{\mathrm{mac}} \eta_{el}}{3.6} = G_0 \Delta h_i^{\mathrm{mac}} \eta_{el}$$

（二）汽轮机的绝对效率

汽轮机的绝对内效率——有效比焓降与循环热效率之比，即：

$$\eta_{a,\,i} = \frac{\Delta h_i^{\mathrm{mac}}}{h_0 - h_c'} = \eta_t \eta_i$$

式中　$\eta_t = \dfrac{\Delta h_i^{\mathrm{mac}}}{h_0 - h_c'}$——循环热效率。

绝对电效率——1kg 蒸汽理想比焓降中转换成电能的部分与整个热力循环中加给 1kg 蒸汽的能量之比，即：

$$\eta_{a,\,el} = \frac{\Delta h_t^{\mathrm{mac}} \eta_{el}}{h_0 - h_c'} = \eta_t \eta_{el} = \eta_t \eta_i \eta_m \eta_g$$

（三）汽耗率

每生产 1kWh 电能所消耗的蒸汽量，即：

$$d = \frac{1000 D_0}{p_{el}} = \frac{3600}{\Delta h_t^{\mathrm{mac}} \eta_{el}}$$

（四）热耗率

每生产 1kWh 电能所消耗的热量，即：

$$q = d(h_0 - h_c') = \frac{3600(h_0 - h_c')}{\Delta h_t^{mac} \eta_{el}}$$

对于中间再热机组：

$$q = (h_0 - h_c') + \frac{D_r}{D_0}(h_r - h_r')$$

第三节　汽轮机的配汽方式

汽轮机的配汽方式对汽轮机的运行性能、结构，特别是汽缸高中压部分的布置和结构有很大的影响。汽轮机最常采用的配汽方式为喷嘴配汽和节流配汽。在一般情况下，节流配汽的汽轮机在设计工况下的效率稍高于喷嘴配汽的汽轮机，而在部分负荷工况下，前者的效率则低于后者。在设计工况下节流配汽的汽轮机效率高的原因在于，节流配汽的汽轮机没有调节级，不存在调节级中的部分进汽损失，另外，它的第一级的余速可被下一级利用，而在部分负荷下效率的降低，则是由于节流损失的增大引起的。

节流损失的大小与机组流量（功率）变化的程度有关，也与机组总理想焓降的大小有关。流量变化越大，阀门节流程度越大，节流损失就越大，机组的总理想焓降越大，即初压/背压比越大，节流损失则越小（占总焓降的比例越小）。

对于中间再热机组，节流损失仅存在于中间再热之前的高压级内。由于高压机组的背压远大于凝汽轮机组的背压，所以，对高压缸来讲，节流损失是相当大的。中低压缸的焓降一般要占机组总焓降的 $2/3 \sim 3/4$，而这一部分不受节流损失的影响，因此对整个汽轮机来讲，节流损失将大为减小。对于中间再热机组，节流损失的大小随初压力的提高而有所降低。这是因为初压力的提高对高压级组的初压/背压影响不大（随着初压力的提高，高压级组的背压也将按比例增长），但却会扩大中低压级组焓降在汽轮机总焓降中所占的比例，从而使整个机组的节流损失有所减少。喷嘴配汽汽轮机在部分负载下的经济性优于节流配汽汽轮机，但它的高压级组在变工况下的蒸汽温度变化比较大，从而会引起较大的材料热应力，因此调节级汽缸壁可能产生的热应力常成为限制这种汽轮机迅速改变负荷的重要因素之一。而节流配汽汽轮机的情况则与此不同，各级温度随负荷变化的幅度大体相等，而且都很小。所以节流配汽的汽轮机虽然部分负荷下的效率较低，但它适应工况变化的能力却高于喷嘴配汽的汽轮机。大功率汽轮机从安全着眼，控制机组在运行中的热应力具有很大意义，所以带基本负荷的大功率汽轮机目前倾向于采用节流配汽方式。节流配汽汽轮机在部分负荷下效率低这一缺点，可通过采用滑压运行的方式在一定程度上予以克服。

最为优越的配汽方式是采用了双重配汽方式，兼顾喷嘴和节流两种配汽方式的优点，将汽轮机设计成高负荷段为喷嘴配汽，低负荷段转为节流配汽的节流-喷嘴混合配汽方式。

国外实践表明，随着蒸汽参数的提高，汽轮机结构的柔性应相应提高。特别是汽轮机的进汽部分，不管是高压进汽部分还是中压进汽部分，这点都尤为重要，因为该部位是汽轮机的高温区域，尽可能地减小其在变动工况下所固有的热应力，对适应高温运行有很重要的意义。经验表明，和高参数机组相比，在进汽部分采取一些新的结构方式，增强相互

11

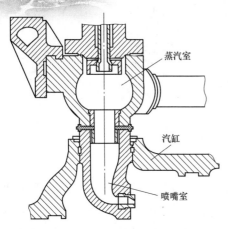

蒸汽室

汽缸

喷嘴室

图 1-4 进汽室、喷嘴室与汽缸的焊接连接

膨胀，防止汽缸与喷嘴室之间产生裂纹等。这些新的结构方式包括：蒸汽室和汽缸分离并铰接在基础上，蒸汽室和汽缸采用柔性很大的导汽管连接，喷嘴汽室与汽缸采用装配式连接等。进汽室、喷嘴室与汽缸的焊接连接如图 1-4 所示。

高参数大功率汽轮机多采用喷嘴配汽。习惯做法是，蒸汽室与喷嘴室单独铸出，然后再分别与高压缸焊接，调节汽阀布置在汽缸上。这种结构方式，布置紧凑，调节汽阀的传动控制集中，从调节阀到汽轮机之间的中间容积小，有利于提高调节系统的稳定性，特别是防止甩负荷后的动态超速。但这种结构使高压缸结构复杂化，特别是会使汽缸在运行中由于温度不均匀而产生过大的热应力，不能很好适应蒸汽参数提高和单机功率增大对高温运行提出的要求。

目前应用较多的是将喷嘴配汽汽轮机的蒸汽室及其调节阀从高压缸缸体上分离出来，成为单独的汽阀体。其实节流配汽的汽轮机一向就采用这种进汽部分的布置方式。需要说明的是，再热机组高压部分不论采用何种配汽方式，中压进汽部分一般均采用全周进汽的节流配汽方式（仅低负荷时参加调节）。大功率汽轮机的主蒸汽进汽管和再热蒸汽进汽管多为双路布置，这样较有利于对称布置。所以独立的汽阀体通常总是与主汽阀（或再热主汽阀）制成一体，而且一般总是制造成同样结构和大小的 2 个或 4 个。对称布置并固定在汽缸的两侧，阀体与汽缸之间用较长的并按大曲率半径弯成的管道连接，以避免接合部分受到过大的应力。

阀体与汽缸分离并固定在基础上的布置方式，增加了导汽管中贮存新汽的容积，在甩负荷时容易引起机组超速，对调节系统稳定性有不利影响。为了克服这一缺点，采用使阀体尽量靠近汽缸但又不单独固定的方法，同时将主汽阀和调节阀合装在一个壳体内来简化汽阀体的结构。这种布置方式也同样有一些缺点，主要是由于汽阀体不单独固定在基础上，主蒸汽管道的不对称推力可能传到汽缸上，这就要求汽缸能承受这部分额外的力。汽轮机在选择进汽部分的布置方式时，主要考虑了以下几个方面：

（1）蒸汽管道对汽缸的推力在允许的范围内，任何工况下管道对汽缸的总推力不得大于汽缸总质量的 5%。

（2）管道和阀门在任何工况下的热应力和热变形在允许的范围内，同时也不会使之与连接的汽缸产生不允许的热应力和热变形。

（3）调节阀后至配汽室的容积应尽可能小，避免调节阀快关后，阀后有过多的"余汽"进入汽轮机，造成汽轮机组超速。

（4）安装、运行操作、检修方便，结构紧凑、整齐、美观。

图 1-5 所示是汽轮机配汽系统的布置方式。主蒸汽管道位于汽轮机运行层下部，经过 2 个高压主汽阀和 4 个高压调节汽阀，分四路进入高压缸。2 个高压主汽阀的出口与 4 个调节汽阀的进口对接焊成一体，4 个高压调节汽阀合用一个壳体。

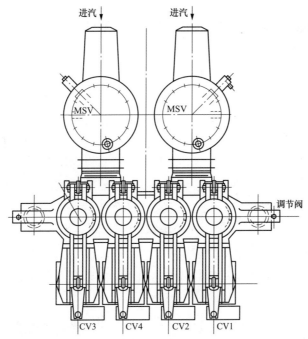

图 1-5　汽轮机配汽系统布置方式（托克托电厂 600MW 汽轮机）

（MSV 为主汽阀；CV 为调节阀）

4 根高压导汽管的一端与高压调节阀出口焊接，另一端则采用法兰、螺栓与高压缸上 4 根进汽短管的垂直法兰相连接。高压缸上的 4 根进汽短管以钟罩型结构与高压外缸焊接在一起，它们与喷嘴室的短管采用插入式连接。高压缸共有 4 个喷嘴室（喷嘴组），对称地布置于高压缸上下汽缸上。

再热蒸汽经过位于高、中压缸中部两侧的中压主汽联合调节汽阀（布置在运转层），进入中压缸。中压联合汽阀的进口与热段再热蒸汽管道连接，出口通向中压缸下部的进汽口，这种布置方式能有效缩短中联阀至中压缸之间的管道长度，减少管道蒸汽容积，避免阀门快关后汽轮机的超速。

超临界机组主蒸汽及再热蒸汽压力、温度较高，产生的冲击力大、应力大，所以要求阀门采用的材质要好，要求机组正常停机或紧急停机时，所有阀门都应迅速关闭，所有阀门开关灵活无卡涩，同时保证所有阀门关闭严密，以保证设备的安全。本机组阀门采用经过实验研究及实际验证的高效低损、低噪声高稳定性的阀座阀蝶型线及合理的卸载防漏机构，减小各项损失。

第四节　汽轮机检修基础知识

一、汽轮机组检修范围

通过检查和修理以恢复或改善汽轮机组原有性能的工作，称为汽轮机组检修。为保证在两次大修间隔期内机组能持续可靠运行，在连续运行定时间后，必须进行必要的检修，包括维修、小修、中修和大修。

汽轮机组检修范围除本体外，还包括调节、保安和油系统，水泵设备，辅机设备，以及管道阀门设备等。重点检查由于高速运行引起的零部件磨损、松动及热疲劳、机械疲劳裂纹，检查通流部分结垢、汽封和阀门等泄漏，检查和恢复调节、保安及油系统的特性等。

二、检修方式、项目和周期

汽轮机组检修方式受各种条件限制，如设备形式、设计制造水平、安装位置以及运行管理水平等，也受到辅助系统和热力系统设备状况的影响。通常国产机组采用定期检修方式，大修间隔为 3 年（燃煤机组）。而进口的大型机组，根据制造厂商建议，大修间隔为 6～9 年。有的电厂采用检修等级制，即按检修性质不同分为 A、B、C、D 四级，其中 A 为最大级，D 为最小级。大机组检修工期一般为 15（D 级）～60 天（A 级）。如采用状态监测，证明设备没有潜在威胁安全运行的缺陷，机组又处于全面良好的运行状态，则可考虑延长检修间隔。

汽轮机组检修项目通常按汽缸、转子、轴承、盘车装置、调节保安系统、油系统、汽水管阀、辅机设备等划分。

三、检修准备

汽轮机组检修开工前应进行如下准备工作。

（1）制定施工组织措施、技术措施和安全措施，施工方案和事故应急预案，重大特殊项目的上述措施必须通过上级主管部门审批。

（2）落实物资（包括材料、备品配件、用品、安全用具、施工机具等）和检修施工场地。

（3）根据检修工艺规程制定检修工艺卡、检修作业文件包，准备好技术记录。

（4）确定需要测绘和校验的备品配件加工图，并做好有关设计、试验和技术工作。

（5）制定实施大修计划的网络图或施工进度表。

（6）组织检修人员学习检修工艺规程，掌握检修计划、项目、进度、措施及质量要求，特殊工艺要进行专门培训。做好特殊工种和人力资源的安排，确定检修项目施工和验收负责人。

四、检修施工

（1）检修施工过程中，应按现场工艺要求和质量标准进行检修工作。

（2）检修应严格执行制定的技术措施和安全措施。其安全措施应符合 DL/T 5009.1—1992《电力建设安全工作规程（火力发电部分）》和电安生（1994）227 号《电业安全工作规程（热力和机械部分）》的规定。

（3）检修过程中，应做好技术资料记录、整理、归类等文档工作。

（4）检修所用的设备和材料的保管应符合 SDJ68—1984《电力建设火电设备维护保管

规程》的规定。

五、检修质量要求

（1）应严格执行对设备检修的质量要求。

（2）主要材料及备品备件应进行检验，达到技术标准规定后方可使用。

（3）设备解体后应进行全面检查和必要的测量工作，与以前的记录加以比较，掌握设备的技术状况。

（4）按标准规定对设备进行检修，经检修符合标准后方可回装。

（5）质量检查、验收与分部试运应按要求进行。

 思考题

1. 画图表达绝对压力、表压力、真空三者的关系。

2. 水泵的基本性能参数包括哪些？

3. 汽轮机分类方式有哪几种，按照热力特性如何分类？

4. 汽轮机及其装置的评价指标包含哪些？

5. 常用汽轮机的配汽方式分为哪几种？各有什么特点？

6. 机组等级检修分为哪几级？检修周期是多少？

第二章

汽 轮 机 本 体

典型的汽轮机结构包括四种，分别是：亚临界压力反动式四缸四排汽轮机组、亚临界压力冲动式四缸四排汽轮机组、超临界压力反动式四缸四排汽轮机组、亚临界压力冲动式三缸四排汽轮机组。本章以东方汽轮机厂生产的亚临界压力冲动式三缸四排汽轮机组为例进行说明。

对于单轴三缸四排汽汽轮机，其结构为一个高压通流和一个中压通流采用反向合缸布置，两个双流布置的低压缸。纵剖面图如图 2-1 所示。

常见的三缸四排汽汽轮机本体结构包括汽缸、轴瓦、转子与动叶、隔板与汽封、盘车装置、滑销系统等。

第一节 汽 缸

一、高中压缸

汽轮机的高中压缸为双层合缸结构（汽缸包括高中压外缸、高压内缸、中压内缸），如图 2-2 所示。

高中压内、外汽缸上下半均为 Cr-Mo 钢（超临界机组为 Cr-Mo-V 钢）整体铸件。汽缸的双层结构可以将汽缸与大气的压差由内外缸共同承担，可以减小汽缸壁厚，节约高温材料，减少内外缸中热应力和温度梯度；汽缸设计得尽可能对称，同时具有足够的刚度，确保随着温度变化时汽缸膨胀和收缩的均匀性；汽缸上布置的喷嘴室和同步阀门开启也有助于达到汽缸加热和冷却的均匀性。这种结构大大降低了因温度变化而导致的对中变化和汽缸出现裂纹的可能性，使机组更易于操作并且性能更可靠。

（一）高中压外缸

高中压外缸采用合缸结构。主蒸汽及再热蒸汽进口各 4 个，集中在汽缸中部，上下半各两个；汽缸下半靠机头侧有两个高压排汽管与再热冷段相连，汽缸上半靠电动机侧有一个较大的中压排汽口，将经过中压缸做功后的蒸汽排出中压缸。这样，主蒸汽及再热蒸汽由汽缸中部进入，在高压缸及中压缸中做功后通过汽缸两端排出，这种结构与高中压缸分缸的机组相比具有以下优点：

（1）缩短了汽轮机的总长度，可减少制造成本及基建投资。

（2）减少了支持轴承个数，可降低轴承损失，提高效率并减少维护费用。

（3）减少汽封个数，同时也减少漏汽损失及维护费用。

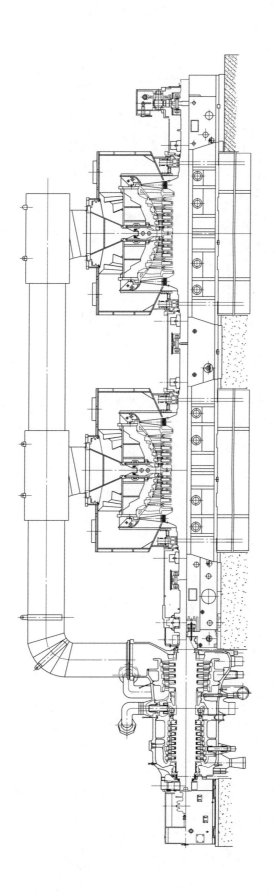

图 2-1　三缸四排汽轮机纵剖面图

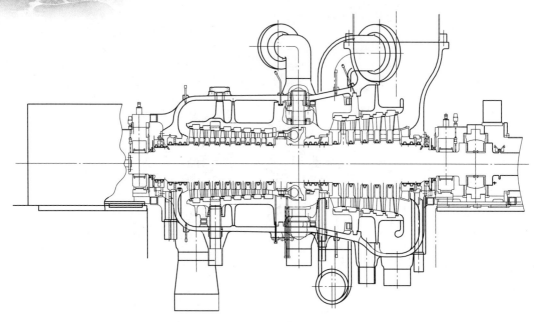

图 2-2　高中压缸

（4）由于高压通流和中压通流采用反向布置，有利于平衡轴向推力。

高中压外缸的水平法兰采用了窄高法兰型式，增强了汽缸法兰面的密封性；法兰中部的螺孔间还设置了内流冷却（加热）用孔，不论是中压缸启动还是高压缸启动，采用内流冷却措施，都能预热螺栓和法兰，使螺栓与法兰温度很好匹配，同时减小法兰内外壁温差，防止变形；在机组正常运行时，采用内流冷却措施使螺栓温度略低于法兰温度，提高中分面密封紧力，减缓其蠕变速度，保证在一个大修期内提供足够的密封紧力。

高中压外缸通过前后猫爪分别搭在前轴承箱和中间轴承箱上，采用上猫爪水平中分面支撑结构，如图 2-3 所示，这种支撑方式能使汽轮机工作时动静间隙不受汽缸温度变化的影响，并保证运行时汽缸的顺利膨胀；汽缸两端还设有横向定位键，这套滑键系统可以使汽轮机汽缸在各种工况下膨胀与收缩时，保证动静间的对中准确。

为检修方便，高中压缸上还设置了以下结构：

（1）不开缸做动平衡结构。高中压外缸的高压和中压之间设置了不开缸做动平衡装置，并随机提供了作动平衡用的工具，这大大方便了在现场作转子的动平衡。

（2）不开缸做更换测温元件结构。通过设置在汽缸上的穿线导管，使汽轮机可以直接在高中压外缸外更换高中压缸各测点的测温元件，方便了机组的拆装，减少了现场的工作量。

（3）设置了检修用润滑油注入结构。为了检修时顺利起吊高中压外缸上半，在高中压外缸与内缸的定位凸肩处设有专门的润滑渗透油注油装置，如图 2-4 所示。

在高中压缸的高压进汽和一段抽汽口还采用了连接管把内缸和外缸连接起来，如图 2-5 所示，这种结构既保证了汽体的密封，又使各个部件能自由地膨胀。

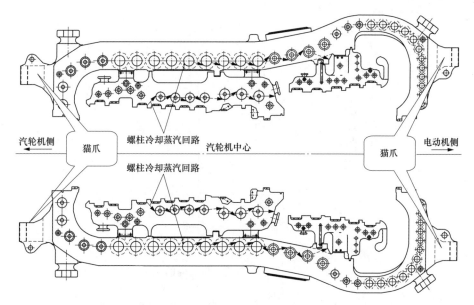

图 2-3　高中压缸水平中分面

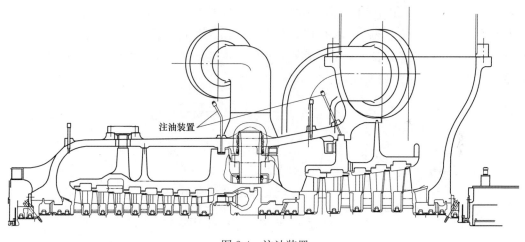

图 2-4　注油装置

（二）高压、中压内缸

在高压内缸及中压内缸内表面加工有隔板槽，用于安装隔板，在内下缸隔板槽靠中分面处加工有隔板悬挂销用槽，隔板槽底部加工有隔板用底键槽，在隔板安装时通过调整隔板悬挂销使隔板中心与转子中心对中，并通过这三处使隔板中心与转子中心运行中保持一致，保证了隔板可靠、高效的工作。

在高压内缸及中压内缸外壁上有两圈凸起，其中一种加工有环形凹槽，它与高中压缸内壁加工好的环形凸起配合，起到为高中压内外缸定位和防止高压排汽漏到中压侧的密封作用。另一种位于高压内缸中段，仅加工环形表面，它与高中压外缸内壁对应位置上加工的环形表面之间保留了适当间隙，将夹层分为温度不同的区域，来保证机组运行中合适的胀差。

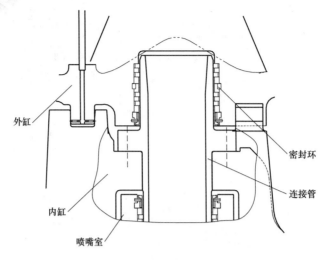

图 2-5 外缸和内缸进汽口之间的连接

高压内缸和中压内缸放置在高中压外缸的凹槽中,内缸搭爪与凹槽间垫有垫片,垫片上堆焊了司太立合金,内缸搭爪与高中压外缸间还有螺栓以适当的紧力连接,这种结构保证了内缸在高中压外缸内自由膨胀的同时内缸又不会因汽流反力使内缸一侧抬起,并解决了内缸搭子的磨损问题。另外,高压内缸和中压内缸分别由一个与高中压外缸相配合的环形止口轴向定位,并在各自上、下中心线有横向定位键,这种布置可以使内缸在各种工况下保证对中准确,如图 2-6 所示。

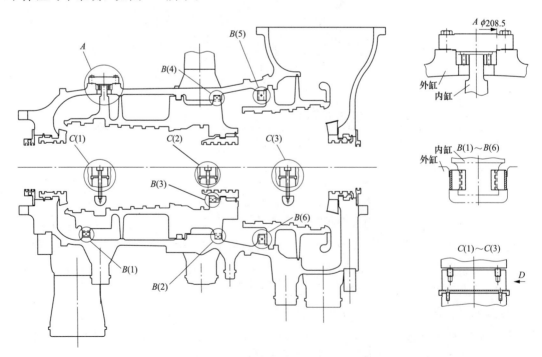

图 2-6 高压内缸和中压内缸的安装与定位图

汽缸的水平法兰同样采用了窄高法兰型式,增强了汽缸法兰面的密封性;高压内缸前部法兰的螺孔间还设置了内流冷却（加热）用孔，不论是中压缸启动还是高压缸启动，采用内流冷却措施，都能预热螺栓和法兰，使螺栓与法兰温度很好匹配，同时减小法兰内外壁温差，防止变形；在机组正常运行时，采用内流冷却措施使螺栓温度略低于法兰温度，提高中分面密封紧力，减缓其蠕变速度，保证在一个大修期内提供足够的密封紧力。

（三）高压及中压导汽管

在高中压外缸中部有 4 个高压蒸汽入口及 4 个再热蒸汽入口，汽缸上、下半各有 2 个高压蒸汽入口及 2 个再热蒸汽入口。

主蒸汽从高中压外缸中部上下对称布置的 4 个进汽口进入汽轮机，如图 2-7 所示，通过高压级做功后去锅炉再热器。再热蒸汽由高中压外缸中部上、下半共 4 个进汽口进入汽轮机的中压部分，如图 2-8 所示。

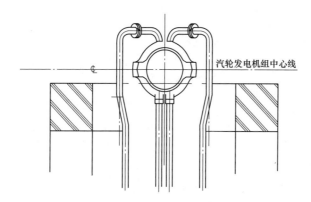

图 2-7　高压进汽口

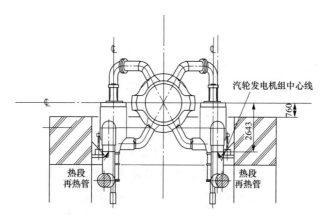

图 2-8　中压进汽口

高压导汽管连接在高中压外缸前端较远的高压主汽阀调节阀及高中压外缸中部的高压进汽口之间，为减少可能的漏汽点及拆装方便，与外缸下半相连的高压主汽管直接与高中压外缸焊接在一起，与上半缸相联的高压主汽管采用了法兰连接的形式；中压导汽管连接在汽轮机两侧的中压联合汽阀与高中压外缸中部的中压进汽口之间；出于同样的理由，进入下半缸的两个中压主汽管直接与汽缸焊接，与上半缸相连的中压主汽管也采用了法兰连接形式，但因中压主汽管口径大，长度短，设计时在法兰处设置了可调整垫片，用以在法兰对连接出现张口时与其相配，以避免存在张口的法兰直接连接时对管道产生过大的应力。

二、低压缸

三缸四排汽汽轮机设置有两个低压部分 A-LP 和 B-LP。每个低压缸为分流式三层焊接结构，由低压外缸、低压内缸和低压进汽室三部分组成，如图 2-9 所示。排汽缸采用了逐渐扩大型排汽室等新技术，使排汽缸具有良好的空气动力性能。

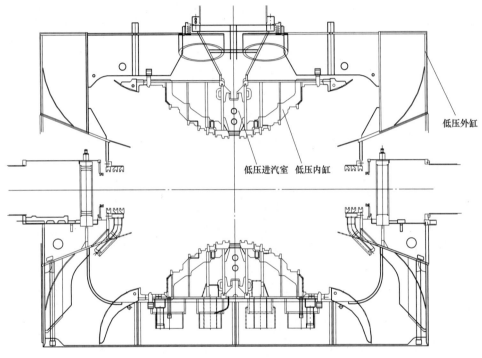

图 2-9　低压汽缸

每个低压缸为对称双分流结构。蒸汽由低压缸中部进入通流部分，分别向前后两个方向流动，经压力级做功后向下排入凝汽器。另外，考虑到布置的紧凑和低压缸的刚度，低压部分的抽汽口采取了不对称结构的布置方式，在低压缸的汽轮机侧布置的是 16 级、17级、19 级后抽汽，在电动机侧布置的是 16 级、18 级、19 级后抽汽，分别供 4 个低压加热器（No 5～8 LP Heater）。

低压缸虽然结构庞大但由于蒸汽温度及压力较低，采用碳钢装焊结构。但由于中部进汽温度相对较高，因此采用了装配式低压进汽室结构，即三层缸结构。

（一）低压内缸

亚临界汽轮机低压缸进汽温度为 370℃左右，而内外缸夹层为排汽参数，设计工况温度较低，为了减少高温进汽部分的内外壁温差，在内缸中部外壁上装有遮热板。

低压内缸进汽室设计为装配式结构，整个环形的进汽腔室与内缸其他部分隔开，并且可以沿轴向、径向自由膨胀，低压进汽室与低压内缸的相对热膨胀死点为低压进汽中心线与汽轮机中心线的交点。

低压进汽口设计为钢板焊接结构。可以减轻进汽口的质量，同时避免了铸件可能存在的缺陷，进汽口结构简图如图 2-10 所示。内缸两端装有导流环，与外缸组成排汽扩压段以减少排汽损失。

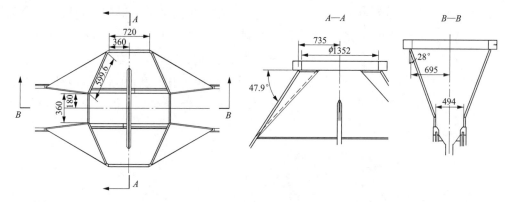

图 2-10　进汽口结构简图

内缸下半水平中分面法兰四角上各有 1 个猫爪搭在外缸上，支持整个内缸和所有隔板的质量。水平法兰中部对应进汽中心处有侧键，作为内外缸的相对死点，使内缸轴向定位而允许横向自由膨胀。内缸上下半两端底部有纵向键，沿纵向中心线轴向设置，使内缸相对外缸横向定位而允许轴向自由膨胀。

（二）低压外缸

低压外缸采用焊接结构，低压上半缸排汽蜗壳设计为长方形，以增加上半缸扩压器的轴向长度。为便于运输，低压外缸沿轴向分为四段，整缸分为上、下半各 4 块组成，用垂直法兰螺栓连接。可分块运输，现场组装。

低压外缸下半两端有低压轴承箱，四周的支承台板放在成矩形排列的基架上，承受整个低压部分的质量，低压缸排汽口与凝汽器采用弹性连接，为不锈钢膨胀节。凝汽器的自重和水重都由基础承受，不作用在低压外缸上，但低压外缸和基础须承受大气压力。

低压外缸前后部的基架上装有纵向键，并在中部左右两侧基架上低压进汽中心前方设有横键，构成整个低压部分的绝对死点。以此死点为中心，整个低压缸可在基架平面上向各个方向自由膨胀。

低压缸的排汽面积大，降低了压损系数，低压排汽损失系数小，提高了机组效率。

（三）低压缸安装

低压内缸以 4 个猫爪支承在外缸内四个凸台上，并由键导向以防止内缸轴向及横向移动，在内、外缸之间蒸汽进口处设有波纹管膨胀节，如图 2-11 所示，此处允许内、外缸之间有相对位移，并防止空气渗入凝汽器。

低压缸台板与基架间采用地脚螺栓固定，为了保证低压缸在机组运行时能自由膨胀，

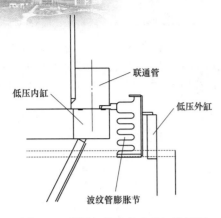

图 2-11 低压缸进汽处内外缸连接图

示，以保护低压缸。

在安装时应固定低压缸的地脚螺栓不能完全拧紧，应保证螺母和低压缸台板之间有一定的间隙。

低压缸与凝汽器为弹性连接，采用不锈钢膨胀节。

（四）大气阀

为了在发生事故情况下保护汽轮机，在低压缸的每个排汽口上部设有 4 个大气阀。当真空破坏，排汽压力上升到高于大气压力某一定值时，内压力使大气阀上的铜膜片被剪切成自由圆盘，迅速泄压，使排汽压力与大气压力相平衡，如图 2-12 所

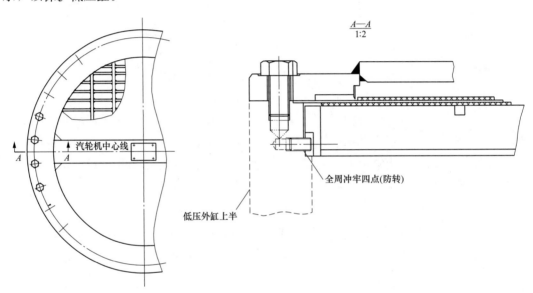

图 2-12 大气阀

（五）事故排放阀

当机组甩负荷时关闭高压调节阀和中压调节阀，在锅炉再热器中储存大量高能蒸汽。这些蒸汽在汽轮机跳闸后相当于再热压力，此时汽轮机的中压缸和低压缸处于真空状态，将通过高、中压缸之间的轴封进入中、低压缸。如果轴封磨损，漏汽可以引起机组超速。为了防止这种情况的发生，为这些高能蒸汽设置了一个气动排放阀，在中压调节阀关闭时候自动打开高中压轴封排放腔室，把大部分泄漏蒸汽排至凝汽器。

（六）通风阀

在机组启动、特别是中压缸启动时，由于高压缸没有进汽，此时高压缸排汽口处会出现鼓风，产生过热，这样会对缸压末级叶片以及高压缸产生不利的影响和损坏，为了减轻这种情况，在高压排汽缸设有通风阀，直接连到凝汽器使高压缸保持真空。

高压缸通风阀使用弹簧开启，空气压力关闭，垂直提升。阀门通常由电磁阀控制，一

般情况下，电磁阀保持通电状态。当需要控制阀处于关闭状态时，电磁阀断电。控制阀壳上安装有限位开关指示开、关位置。

（七）连通管

连通管的用途是把在汽轮机中压部分完成做功的蒸汽从中压部分（IP）输送到低压部分（LP）。连通管带有膨胀节如装有两套波纹管，以防止由于 IP 排汽温度高导致 IP 缸和 LP 缸之间热胀和收缩量的相对偏差，从而产生反作用力作用于各汽缸上。

中压缸排汽通过一根异径连通管分别进入低压缸（A）和低压缸（B），如图 2-13 所示。

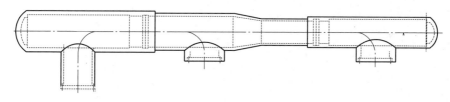

图 2-13　连通管

第二节　轴承结构与检修

汽轮机部分的轴承共有 6 个，包括用来支撑高中压转子的 1 号、2 号轴承，用来支撑 A 低压转子的 3 号、4 号轴承以及用来支撑 B 低压转子的 5 号、6 号轴承；另外还有推力轴承，位于 2 号支持轴承之后。

1 号、2 号轴承为稳定性较好的可倾瓦型式轴承，3～6 号轴承为承载性较好的椭圆瓦型式轴承。上述轴承均为球面座式、自动对中、压力油润滑轴承。轴承体由铸钢制成，轴瓦表面浇注一层优质锡基巴氏合金。

转子的轴向定位由推力轴承确定。推力轴承构造简单，体积小，且具有较高的负载能力。

一、支持轴承——双可倾瓦型式

汽轮机 1 号，2 号轴承为可倾瓦轴承，如图 2-14 所示。可倾瓦轴承有 5 瓦块和 6 瓦块两种型式：亚临界 600MW 机组用 5 瓦块型式，超临界 600MW 机组用 6 瓦块型式。

5 瓦块轴承有 5 块钢制可倾瓦块，上半 3 块、下半 2 块；6 瓦块轴承有 6 块钢制可倾瓦块，上半 3 块、下半 3 块。其轴瓦表面均有巴氏合金层。可倾瓦支承在轴承座上，在运行期间随转子方向自由摆动，以获取适应每一瓦块的最佳油楔。装在轴瓦套上的（螺纹）挂销用间隙配合的形式固定着可倾瓦块，防止它们旋转。

为了达到在运行时自动找中的要求，在可倾瓦块外径的轴向设计成半径较大的球面。这种设计使每个可倾瓦块可自动找中，不论在径向还是在轴向，都可以获得最佳位置。

轴承套采用"盖板式"结构，其上半的每一侧有凸出的法兰，其中分面用螺栓固定在基座上。由于轴承套部件是固定在基座上的，因此这种类型的结构允许轴承盖膨胀而与轴

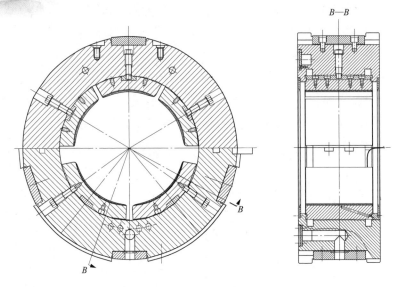

图 2-14　可倾瓦轴承

承套无关，这样可防止轴承套松动，防止在松配合下工作，或防止轴承有过大的振动。

为了调整轴承找中，轴瓦套装有调整垫片。

二、支持轴承——上瓦开槽椭圆型

汽轮机 3 号、4 号、5 号和 6 号轴承为椭圆型轴承，如图 2-15 所示。这种内孔近似的椭圆形是在加工轴承内孔时把垫片垫于轴承接合面处，先加工一个较大直径内孔，然后抽去垫片，获得椭圆形内孔。椭圆轴承为单侧进油，上瓦开槽结构。巴氏合金接合面采用燕尾槽结构。

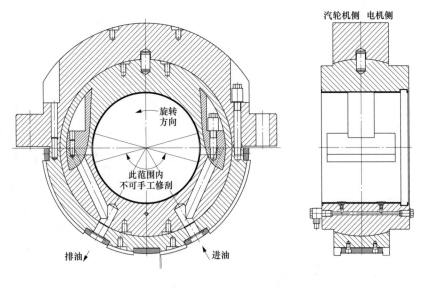

图 2-15　椭圆轴承

为了便于进油和排油，在中分面处轴瓦的巴氏合金被切去一部分，这样形成了具有圆形边的且在轴瓦端部向内延伸的油槽。油从轴颈一侧中分面处进入轴承，在对面的接合面处的油槽有一个镗孔以限制油的流量，以便在轴承排油侧建立一个微小油压，并经过这个排油孔把油引入观察孔的腔室里，而大部分油则通过轴瓦端部排出。

椭圆轴承为单侧进油，上瓦开槽结构。巴氏合金接合面采用燕尾槽结构。同时，安装时要进行轴承转动扭矩测量，使之符合有关标准。

三、推力轴承

推力轴承如图 2-16 所示，位于汽轮机推力盘两侧（高中压转子），独立安装在轴承箱内，推力轴承吸收由刚性联轴器连接的汽轮机和发电机转子的轴向推力。

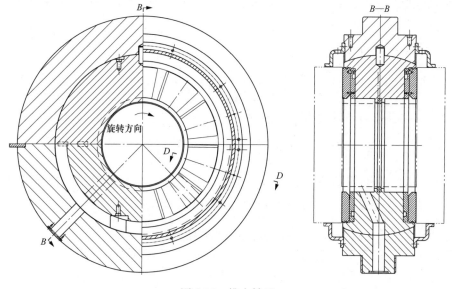

图 2-16　推力轴承

推力轴承由两个旋转推力盘和两个推力瓦组成，推力盘表面经机加工和研磨形成光滑的平面，两侧推力瓦表面浇注巴氏合金，并且固定罩表面有斜面，在旋转推力盘和推力瓦之间形成油楔。推力瓦由铜环浇注巴氏合金后沿径向切出扇形面和进油槽。

轴承外侧加工有一个球面，座入轴承套内，使推力瓦相对旋转推力盘自动找中，因此使推力瓦与旋转推力盘的旋转表面准确定位。

在推力盘和箱体之间装有调整垫片，这些垫片是必要时来调整转子的轴向位置或改变推力轴承间隙。

推力轴承球面配合间隙为 0～0.025mm，安装推力轴承间隙为 0.46～0.51mm，当推力瓦块磨损超过 0.8mm 时即自动停机。

正反向推力瓦块面积各为 2580cm^2。

为了保证在各种运行工况下推力轴承的安全可靠性，设计时除了按超压 5%工况时的比压进行校核外，还对有关极端工况时的推力进行核算。

支持轴承巴氏合金的报警温度为107～115℃，停机温度为121℃。

推力轴承巴氏合金的报警温度为85℃，停机温度为105℃。

在运行时，轴承通过压力油进行润滑和冷却，合理的进油温度为40～50℃。在任何工况下，轴承润滑油的回油温度均不超过75℃，可通过轴承进油孔板来调整轴承油量来维持这一限制。

第三节 转子与动叶

三缸四排汽汽轮机整个轴系由4根转子连接组成。其中汽轮机部分由高中压转子、A低压转子和B低压转子3根转子组成。各转子之间由刚性联轴器连接，每根转子支承在各自的两个轴承上。整个轴系转子由推力轴承轴向定位，推力轴承位于中间轴承箱内，2号支持轴承之后。

轴系简图如图2-17所示。

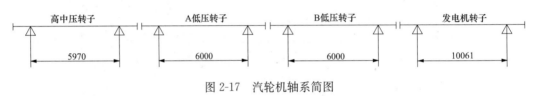

图2-17 汽轮机轴系简图

不同型号的汽轮机有其独特的临界转速，其中D600B轴系临界转速计算值见表2-1。轴系扭振固有频率见表2-2。其他机组有关数据参见对应机组有关技术文件。

表2-1　　　　　　　　　　　　　　D600B机组轴系临界转速

阶数	转速（r/min）	振型类别
1	1000	发电机转子
2	1700	高中压转子
3	1730	低压转子（A）
4	1750	低压转子（B）
5	2670	发电机转子（2）
6	3780	A低压转子（2）

表2-2　　　　　　　　　　　　　　D600B机组扭振固有频率

阶数	1	2	3	4
扭振固有频率（Hz）	13.3	24.9	29.9	113.2

一、转子材料和结构

汽轮机转子材料均由合金钢整体锻件制成。高中压转子材料为Cr-Mo-V锻钢，可用于566℃的高温环境。A、B低压转子材料为Ni-Cr-Mo-V锻钢。为了确保汽轮机转子安全可靠，具有良好的平衡和较高的性能，转子锻件钢坯为真空浇注而成，以去除有害的气体和气眼。在加工之前进行各种试验确保锻件满足物理及冶金性能要求。

转子锻件毛坯经过精心加工形成了由主轴、轮盘、轴颈和联轴器法兰等组成的整体转子，经过加工形成的轮盘设有用来安装动叶的叶根槽。根据动叶的载荷及工作条件，叶根槽的型式包括倒 T 型、菌型、枞树型和叉型等型式。末级动叶由于载荷大、动应力大，其叶根部分采用承载能力强的叉型叶根型式。

为提高相邻转子之间在连接时的对中精度，轴系高中压转子与 A 低压转子和 B 低压转子与发电机转子之间均采用止口过盈配合方式。A 低压转子和 B 低压转子之间设有调整垫片，用以调整低压转子的轴向位置。B 低压转子和发电机转子之间设有盘车齿轮环，与机组的盘车装置一起实现机组的盘车运行状态。

汽轮机每根转子在制造厂内加工和装配完毕后，均需进行高速动平衡试验和超速试验。高速动平衡试验在额定转速下进行，而超速试验是在额定转速的 115% 转速下进行的。

高中压转子和 A、B 低压转子均设置了现场不开缸做动平衡的装置，并随机提供做动平衡用的专用工具。这大大方便了在现场进行的转子动平衡。

二、通流部分

不同型号的汽轮机级数稍有差异，下面以 D600B 型汽轮机来进行介绍。

D600B 型汽轮机通流部分由 42 个结构级组成，其中高压部分 9 级（包括 1 个调节级），中压部分为单流 5 级，两个双流低压缸共 2×2×7 级。

通流部分各级均采用冲动级设计，蒸汽经过动叶的压降小，因此，可使动叶漏汽损失减小，有利于设计较大的轴向间隙而不致降低效率，并提高了机组启动的灵活性与可靠性。D600B 机组的通流能力为在阀门全开条件下可输出最大功率 668.2MW。在热力设计上有以下特点：

（1）中低压缸分缸压力高，设计工况下为 1.07MPa，有利于高中压合缸机组的结构设计。

（2）高中压缸采用等根径，等焓降分配，但高中压末级根径增大，带扩张角，有利于流道光滑过渡，减小排汽损失。

（3）采用单列调节级，额定工况时分配焓降大，变工况性能好，级后温度低，约为487℃，有利于转子强度设计。

（4）低压缸除末级外为等焓降设计，末级焓降大，约为其余级的 1.5 倍。设计工况下末级根部反动度约为 21%，变工况性能好，在高背压或低负荷下运行根部不会出现倒流。

（5）低压通流采用对称分流布置，考虑运行状态下热胀影响，前六级正反向静叶采用不同高度，以使工作状态下动叶盖度，汽封间隔处于最佳位置。

三、动叶

汽轮机动叶由铬合金钢加工而成，对蒸汽的水蚀有较强的抵抗力。根据工作温度和工作应力环境的不同，高中压部分和低压部分各级动叶应分别选用不同性质的铬合金钢材料。

高、中压缸动叶：汽轮机高、中压动叶的设计及所使用的材料应能经受汽轮机的各种运行工况并保证具有足够的使用寿命。动叶在机组允许的所有转速下可安全运行，而且抗腐蚀，抗冲刷以及抗点蚀，能避免结晶引起的磨损，从而避免断裂或过大的效率损失。

低压缸动叶：汽轮机低压部分动叶的设计及选材应确保动叶能在最大范围内适应各种运行工况并有很长的运行寿命。动叶应能确保在正常运转的安全裕量范围内无振动，并有很强的抗腐蚀能力，这样才能避免动叶断裂和效率降低。

动叶在精加工进行完之后，装配于转子体上各个叶轮的轮缘槽内。其动叶叶顶由围带将叶片连接成组，露出的铆钉头经手工铆接，将围带固定；动叶顶部围带的型式除上述铆钉头围带结构型式外，另一种就是动叶自带冠结构型式，这种型式其动叶叶顶冠部和叶身作为一个整体加工出来，待转子装配完毕后再车去围带部分的加工余量。

机组运行时，由于末级蒸汽湿度大，末级动叶顶部区域线速度高，很容易在动叶该区域发生水蚀和冲刷。通常在末级动叶进汽侧上部区域镶焊硬质合金片或高频淬火以防水蚀和冲刷。

四、轴向推力

在轴流式汽轮机中，通常是高压蒸汽由一端进入，低压蒸汽由另一端流出，从整体来看，蒸汽对汽轮机转子施加了一个由高压端指向低压端的轴向力，使转子存在一个向低压端移动的趋势，这个力就称为转子的轴向推力。

（一）冲动式汽轮机的轴向推力

转子上的轴向推力包括作用在动叶上的轴向推力 F_z^{I}、作用在叶轮面上的轴向推力 F_z^{II} 和作用在转子凸肩上的轴向推力 F_z^{III} 三部分。

$$F_z = F_z^{\text{I}} + F_z^{\text{II}} + F_z^{\text{III}}$$

（二）反动式汽轮机的轴向推力

在反动式汽轮机中，作用在通流部分转子上的轴向推力由下列三部分组成：①作用在动叶上的轴向推力；②作用在轮鼓锥形面上的轴向推力；③作用在转子阶梯上的轴向推力。

五、轴向推力的平衡

（1）采用具有平衡孔的叶轮——在叶轮上开平衡孔，一般为单数。

（2）平衡活塞法——在转子通流部分的对侧，加大高压外轴封的直径，在高、中压缸转子上增设平衡活塞，以产生相反方向的轴向推力。

（3）相反流动布置法——将蒸汽在汽轮机两汽缸或两部分内的流动安排成相反的方向，使其产生相反的轴向推力，相互平衡。

（4）推力轴承——冲动式为主的汽轮机，因叶轮两侧的压差较小，通常采用高、中压缸对置，低压缸双分流布置基本上平衡轴向推力，其余部分由推力轴承来承担；对反动式机组，高、中压转子采用鼓式结构，减小叶轮的轴向推力，除采用高、中压对置布置外，还在高、中压转子上增设平衡活塞，减小转子上的净轴向推力。

第四节　隔板与汽封

一、喷嘴室

喷嘴室里充满着高温、高压的蒸汽，直到蒸汽通达第一级喷嘴口流出。因此，喷嘴室通常采用薄壁结构，便于当蒸汽进入时能均匀受热。喷嘴室装于高压内缸内，通过键和定位环使它受热后能自由膨胀。在各种情况下，也能保证它与第一级动叶准确后相对位置。喷嘴室是双层结构，这样减小汽缸内第一级区域内的热应力和压应力。

喷嘴室蒸汽进口端一直延伸到外缸开口处，装有滑环膨胀接头，这接头允许喷嘴室沿外缸的各外方向过去，并且还可以保持汽密配合。

喷嘴室与喷嘴组为上、下半结构，上、下半由中分面螺栓连接在一起，并固定于内缸下半。在内缸下半对应支撑搭子上有调整垫片，用于调整喷嘴室与内缸之间的上下中心。喷嘴室与内缸通过轴向定位槽定位于高压进汽中心线，上、下半沿轴向有导向键（镶嵌件，在其滑动表面堆焊有耐磨的司太立合金材料，以防止滑动面磨损后，间隙变大），用于调整喷嘴室与内缸之间的左右中心。这种结构既能保证喷嘴室自由膨胀，又使喷嘴室与高压进汽管中心保持不变。在各种工况下，它与第一级动叶之间保证足够的动静间隙。

喷嘴室内共装有 4 个喷嘴组，4 个喷嘴组对应的汽道数亚临界机组分别为 57、35、35、57，超临界机组分别为 58、34、34、58。喷嘴组的静叶采用自带冠，导叶焊成叶栅后与加强环及蒸汽室焊为一体，喷嘴室采用两组喷嘴共用一个腔室结构，每组喷嘴对应一个进汽口，腔室由肋板隔开。

喷嘴室与喷嘴组结构如图 2-18 所示。

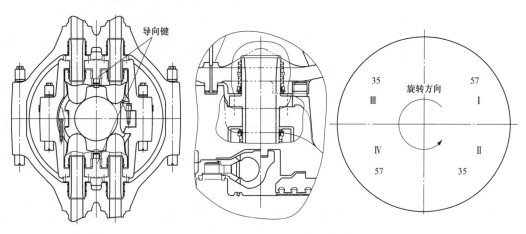

图 2-18　喷嘴室与喷嘴组结构

喷嘴组和隔板是完成蒸汽热能向动能转换的部套，具有工作温度高、前后压差大、与转子间隙小的特点。正常运行时，高压进汽部分和中压进汽部分是工作温度最高的区域，汽轮机在设计时充分考虑了结构强度、温度效应及工作条件，因而具有良好的安全可靠性。

喷嘴室蒸汽进口端通过高压进汽管一直延伸到外缸进汽口处，与进汽管之间采用密封环配合，多圈密封环叠加在一起，依次保持与进汽管和喷嘴室、外缸的小密封间隙，而相邻密封圈的径向尺寸相差较大，可以保证喷嘴室沿中心向各个方向自由膨胀，同时保持与进汽管之间汽密配合。喷嘴室及喷嘴组材料见表 2-3。

表 2-3 喷嘴室及喷嘴组材料

名称	喷嘴室	加强环	导叶栅
材料	CrMoV 铸钢	CrMoVNbN 钢	

二、隔板

隔板是冲动式汽轮机完成蒸汽热能向动能转换的主要部套，蒸汽流经隔板导叶以适当的角度和速度流向动叶。一定流量的蒸汽流经隔板后压力降低、流速增加。因此隔板在工作时要承受沿轴向的蒸汽压力、蒸汽流经汽道所产生的周向旋转力以及因温度变化所产生的温度应力等。

隔板按板体结构形式分为铸造隔板和焊接隔板。铸造隔板多用于低于 250℃ 的低压缸，受限于铸造工艺及铸件材质不均等问题此类隔板应用较少。目前行业内汽轮机组多采用焊接隔板，由于焊接工艺的先天性缺陷，导致此类隔板变形成为普遍存在的问题，其主要制约因素为金属材质及焊接工艺。从结构来看，焊接隔板由外环、内环、静叶、汽封组成。机加工后的静叶装在穿孔的围带上，并焊接定位，再焊在隔板体的内环和外环上，如图 2-19 所示。东汽生产的隔板静叶有大冠和小冠类型。

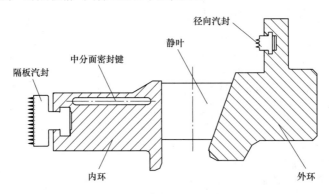

图 2-19　隔板的结构示意图

在汽轮机运行时，由于焊接隔板自身独特的结构，在汽流的作用下，会产生一个由隔板中心向四周的弯曲力，这一弯曲力是巨大的。另外，隔板上的静叶受到喷射蒸汽的反作用力，多个作用力叠加导致隔板变形是扭曲和不规则的。隔板长期暴露在高温条件下工作，发生蠕变是不可避免的，因此在材质升级上下功夫是非常有必要的。

汽轮机，高压部分共 8 级隔板，中压部分共 5 级隔板，（超临界机组高压部分共 7 级隔板，中压部分共 6 级隔板）A、B 低压缸分别有 2×7 级隔板，整个汽轮机共有 41 级隔板。隔板都采用焊接结构，其中高压第 2 级及中压第 1 级隔板叶栅与板体间采用埋弧焊焊接，低压末级隔板导叶与板体间采用直焊式角焊缝形式，其余各级隔板叶栅与内外环均采用埋弧焊或真空电子束焊接。所有隔板导叶是均由合金钢材料加工而成，围带式隔板导叶两端部安装固定在围带上，焊接成叶栅后再与内、外环焊接。直焊式隔板将导叶与隔板内、外环直接焊接在一起。隔板装焊件通过精加工制成最终的隔板。这样，使隔板有足够的刚度，同时又保证了导叶出口面积、节距和喉宽的精确性。

隔板汽道吼宽和出口面积有严格的技术要求，每个汽道均要经过人工修磨和调整，使之满足相关标准。隔板模型简图如图 2-20 所示。

高、中压部分隔板的工作温度均在 350℃以上，低压部分工作温度均在 380℃以下。为适应高温工作条件，隔板静叶材料，高温段采用 CrMoVNbN 合金钢，中温段采用 CrNiMoWV 或 CrMo 合金钢，低温低压部分静叶均为 Cr 不锈钢。隔板体材料，高温部分采用 CrMoV 合金钢板，中温部分采用 CrMo 钢板，低温部分采用低碳钢板。

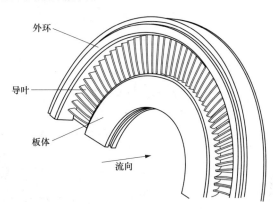

图 2-20 隔板模型简图

亚临界机组及超临界机组高、中、低压各级隔板板体及导叶材料见表 2-4～表 2-6 所示。

表 2-4   高压隔板板体及导叶材料

级次	2	3	4	5	6	7	8	9
安装部位	高压内缸（CrMo 铸钢）							
隔板材料	CrMoV	CrMo 钢						
导叶材料	CrMoVNbN	CrNiMoWV				CrMo		

表 2-5   中压隔板板体及导叶材料

级次	10	11	12	13	14
隔板部位	中压内缸（CrMo 铸钢）				
隔板材料	CrMoV	CrMo			低碳钢
导叶材料	CrMoVNbN	CrNiMoWV			

表 2-6   低压隔板板体及导叶材料

级次	正反 1	正反 2	正反 3	正反 4	正反 5	正反 6	正反 7
隔板部位	低压进汽室		低压内缸				
隔板材料	低碳钢						
导叶材料	1Cr12Mo		1Cr13				

高压、中压及低压前五级隔板静叶采用方钢铣制，低压末二级静叶精密浇注而成。

对于超临界机组，高压有8级（包括调节级），中压有6级，A、B低压各有2×7级。高温高压区隔板体和导叶材料采用了相应的高温合金材料。

1. 高压隔板

高压隔板全部装在整体高压内缸里，高压2～5级静叶采用分流叶栅，其余高压隔板和中压各级采用自带冠的弯曲叶片。分流叶栅及弯曲导叶示意图如图2-21所示。

图2-21 分流叶栅及弯曲导叶示意图

HP2～9级根径为939.8mm，各级静叶采用SCH叶型（层流叶型）和AVN叶型［日立公司开发的弯曲（扭）静叶设计技术］，其中，AVN设计技术为当代叶片设计领域中最先进的设计技术，这种叶片在根、顶部向不同的方向弯曲，在叶道内沿径向形成"C"型压力分布，边界内压力两端高，中间低（C型），次流由两侧向中间流动会入主流，从而减小了端部二次流损失。HV叶型（高负荷可控涡动叶型线）是在原平衡动叶叶型的基础上对根部型线改进设计而来，有以下优点：①叶片负荷提高，叶片数减少15％；②通过对叶型修型，改善了型面的气动布局特点，减小了攻角损失；最低压力点向后移，减小了扩压区，型损下降；③叶面的后加载气动布局特性使端损减小。

2. 中压隔板

全部中压隔板均装在中压内缸内。根径同为1231.9mm。IP10级静叶仍采用传统叶型，IP11～12静叶采用SCH叶型，IP13～14级静叶均采用SCH变截面叶型，IP10～14级静叶均采用AVN设计。

3. 低压隔板

低压部分A、B缸分别有正反向2×7级隔板。第1～4级采用自带冠静叶焊接结构，末级、次末级及次次末级采用直焊式结构。低压1～4级静叶为弯曲叶型，低压5～7级静叶为弯扭叶型，静叶出汽边修薄到0.38mm。低压隔板及端汽封、径向汽封采用铜汽封（超临界机组采用铁素体汽封）。第7级隔板出汽边外沿装有去湿环，汽流中的小水滴在离心力的作用下落入去湿环中，绕过末级动叶，直接进入排汽口，去湿环可以有效地减轻末级动叶的水蚀现象，其结构如图2-22所示。所有隔板中分面都用螺栓紧固，检修时内缸不用翻身。

低压部分7级隔板根径同为1727.2mm，采用

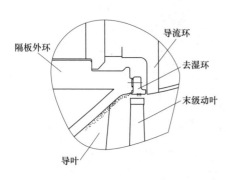

图2-22 隔板去湿结构示意图

隔板外环
导流环
去湿环
末级动叶
导叶

非对称抽汽，G、T 侧叶高不同，LP15、16、18
级静叶采用日立新开发的 CUC 叶型，LP17 级静
叶由于调频及隔板强度原因仍采用 SCH 叶型。
其中，CUC 叶型是日立新开发的高负荷前加载
无扩压静叶型线，该型线与层流叶型（SCH）相
比具有以下优点：①叶片数减少 13％；②叶片负
荷增加；③截面抗弯能力增强；④后缘尾迹区减
小；⑤叶背最低压力点向后移，过渡膨胀得到抑
制，几乎无扩压流动；⑥具有更小的型损。

　　所有隔板是用左右两个悬挂销支撑在汽缸上
的，如图 2-23 所示。隔板与转子之间的上下间隙
是通过悬挂销下面的垫片进行调整，左右间隙通
过底部的定位键调整。

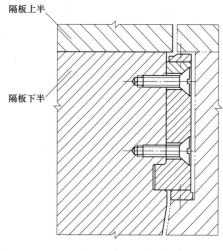

图 2-23　悬挂销安装图

三、汽封

　　考虑到汽缸热变形主要在垂直方向上，椭圆汽封间隙在上下方向的间隙较大，而两侧
间隙相对较小。这样，由于摩擦引起的转子振动发生的可能性就大大减小。因此，隔板汽
封采用椭圆汽封，这样既可保证安全性又可减少汽封漏汽量。动叶采用自带冠结构，叶冠
顶部设置了径向汽封，动叶根部设置了根部汽封，如图 2-24 所示。所有隔板的中分面都
设置有密封键并用螺栓紧固，以利于提高隔板整体刚性和中分面的汽密性。

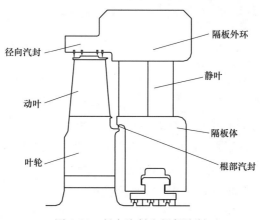

图 2-24　径向汽封和根部汽封

　　汽封能使汽轮机汽缸内的蒸汽向外及高压区向低压区的泄漏量减小到最少。高中压及
A 低压隔板汽封采用高低齿迷宫式汽封，B 低压部分由于机组胀差较大，采用平齿汽封。
所有汽封圈均为弹簧分段式汽封圈，固定在相应隔板的环槽内。汽封圈分成几个弧段，每
段由板弹簧片支承汽封弧段质量，并在汽封圈与轴之间保持较小间隙。汽封圈的高低齿或
平齿与汽轮转子装配后形成足够小的、适当的径向间隙，成组的汽封齿结构构成的小间隙
阻止了蒸汽的流动，使泄漏量最小。汽封结构示意图如图 2-25 所示。

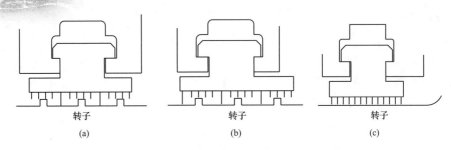

图 2-25　高中、低压隔板汽封结构简图

（a）高中压隔板汽封；（b）A 低压隔板汽封；（c）B 低压隔板汽封

（一）布莱登汽封

1. 技术的原理

布莱登汽封取消了传统汽封背部的板弹簧，取而代之的是在每圈汽封弧段端面处，加装了 4 只螺旋弹簧。机组启机小蒸汽流量时，在弹簧应力作用下汽封弧块是处于张开状态而远离转子；随着蒸汽流量的增加，作用在每圈汽封弧块背部的蒸汽压力逐渐增大，当这一压力足以克服弹簧应力、摩擦阻力等时，汽封弧块开始逐渐关闭，直至处于工作状态，并始终保持与转子的最小间隙值运行；停机时，随蒸汽流量的减小，在弹簧应力作用下，推动汽封弧块远离转子，使汽封与转子的径向间隙达到最大值。

汽封最大的磨损产生在机组启停机时，尤其在热态启动过程中。布莱登汽封通过其结构的改进和机组在启停机过程中蒸汽流量的变化，自动调整汽封与转子的工作间隙，从而有效地避免了机组启停机过程中转子与汽封的摩擦。

根据布莱登汽封技术设计，机组主蒸汽流量在 3％时汽封开始逐级关闭，达到 30％时完成全部关闭过程。

2. 布莱登汽封显著特点

（1）安全性。

1）主动安全。布莱登技术设计工作径向间隙为 0.3～0.55mm，在大型机组上设计间隙为 0.25mm。机组启停过程中，汽封能够主动远离转子，保证启停安全。

2）被动安全。事故状态下，保护系统跳闸，切断通流供汽。布莱登汽封失去蒸汽压力，在端部弹簧压力作用下瞬时张开，避免了转子碰磨而引起的弯轴、抱死事故的发生。

3）减少轴封漏气，消除安全隐患。轴承箱油中含水，主要是轴封蒸汽外溢。布莱登轴封间隙小，对减少轴封漏汽效果显著。

（2）经济性。影响汽轮机本体运行经济性有如下几方面：化学沉积、叶片侵蚀、机械损伤、汽封间隙漏汽，其中汽封漏汽损失通常占整个通流效率损失的 80％左右；所以，减少通流漏汽损失，可提高汽轮机的运行效率。

1）布莱登汽封提高机组运行效率，主要体现在：

a. 级间汽封漏汽的减少提高了级效率和整机效率。

b. 轴封漏汽的减少增加机组做功能力。

c. 汽封漏汽量的减少，减少了漏汽对主流场的扰动，从而提高机组的运行效率。

2）减少机组启动次数，降低启动成本。

a. 布莱登汽封较大的启动间隙，能够确保一次启动成功，避免了因动静碰磨造成的多次启动所增加的直接燃料费用。

b. 缩短大修周期和减少更换汽封备品费用。

（3）技术经济效果持久性。汽轮机在启动和运行中，机组部分部件会发生复杂的热应力变化，所以，汽轮机要预留有足够的间隙，避免动静碰磨发生恶性事故，而实际上，最大动静间隙的要求是在机组启停机过临界尤其是热态启动时，这时机组是小蒸汽流量，布莱登汽封是处于张开张态，能够最大限度地满足机组对间隙的要求，过临界后汽封开始逐级关闭，并始终保持最小工作间隙运行。

很多布莱登汽封改造的机组都已经历过大修，最为明显的特点是不用再更换汽封弧块。

（二）蜂窝汽封

1. 蜂窝密封的密封原理

（1）高效的切分效应：每个蜂窝网格的六边就像六把锋利的尖刀，彻底地将强大的气流切割分离为无数弱小气流，并极大地削弱蒸汽的泄漏动力能。

（2）强烈的阻耗效应：完全封闭式的正六边形蜂窝网格，对蒸汽形成强大的交叉阻尼，强烈的消耗蒸汽的各个方向的动力能，达到密封的效果。

（3）全面的流束收缩效应：薄韧的蜂窝网格对来自任意方向的蒸汽，都将产生高效的流束收缩效应，其密封效果是梳齿密封的 3 倍以上。

（4）强大的涡旋效应：蜂窝网格内交叉刚度强大的蒸汽涡旋，将极大地吸收高速蒸汽与转子相互作用所产生的汽体激振力，提高转子运行的平稳性。

（5）优良的热力学效应：各个蜂窝网格，能充分地将网格内的气旋动力能阻化（阻止摩擦并转化）为热力能，并迅速地传导出去。

（6）优异的吸附效应：对于每个蜂窝网格内的涡流而言，蜂窝表面的蒸汽压力和温度都要比蜂窝网格底部的蒸汽低，正是这个压力差和温度差导致蜂窝对流经其表面的蒸汽产生强大的吸附作用，可以有效除湿。

2. 蜂窝汽封的优点

（1）安全可靠性高。

1）被动安全性：由于蜂窝带系 Hastelloy-X 耐高温材质，既薄又软，且为网状端面；即使与转子接触，也不伤及转子，更不致引起转子振动。

2）主动安全性：利用高科技的真空钎焊技术，蜂窝带与密封圈结合牢固，其抗拉强度可达 260MPa。

（2）除湿效果显著。在湿蒸汽区的叶顶部位，蜂窝式汽封的除湿作用十分显著，可防止动叶免受水力冲蚀。

（3）安装精度高。密封环背部增设的径向定位调整块，提高了密封环的安装精度，更便于现场的安装调试。

（4）密封效果好。蜂窝是密封结构可降低漏气速度，增加密封效果。其意义在于：

1）显著减少轴封漏气；

2）有效防止通过低压轴封向凝汽器漏空气。

（5）消除汽流激振。蜂窝式密封是迄今为止消除汽流激振的理想密封结构。

（6）改造费用低。由于不改变密封环以外的原有设计，故改造成本低、周期短。

（三）接触式汽封

接触式无间隙汽封的汽封齿材料为非金属材料，它可以耐温 700℃，耐磨性好且具有自润滑性能。它是装在原有的汽封套的槽道中，利用原来的汽封环弹簧片，将接触式汽封环（体）向内推，保持在向心位置。接触式汽封齿装在汽封环（体）的槽内也用一个弹簧将其向内推。定位螺钉安装在汽封环的孔中，用来限制汽封环的压出量，设计限制压出量为 0.5mm，向后退让量为 2.5mm，即汽封环始终对轴有一个压紧力，并且当汽封环磨损达到 0.5mm 时，定位螺钉就限制汽封环继续与轴摩擦。当汽轮机轴运行中产生振动或偏心时，汽封齿将随着轴心位置的变化向内压出或向外退让，使汽封齿始终与轴接触保持无间隙。即使汽封齿磨损到一定程度时，轴与汽封齿即达到似接触非接触，仍可保持无间隙状态。

第五节　通流部分结构与检修

通常情况下，要想机组能够经济运行，最为有效的方法就是提高汽轮机的效率。因此，在机组大修的过程中，对汽轮机检修质量进行控制是十分关键的环节，而调整通流部分间隙则是其中的核心工作，它在很大程度上决定着检修效果的好坏。目前，为了减少漏汽造成的损失，在检修和调整汽封时，普遍采取了减小汽封径向间隙的方法。与此同时，就会增加运行中汽封齿碰磨的概率。如果既想减小汽封间隙，又想在运行中不发生碰磨，除了要选择适当的汽封间隙之外，还要在调整汽封间隙的过程中保证其准确性。

一、变形量的测量

清理完汽缸之后，使下汽缸部件全部就位，对汽缸的平面水平进行测量。调整完轴系中心后调入假轴，接着将其调整至转子位置，然后进行具体的测量工作。测量之前，应在测量点上做好相应的标记，这样可以确保在同一个位置上进行测量，提高测量的准确性。在半缸状态下，汽缸的刚度不如全缸，低压缸刚度较差的时候更是如此。当内缸、上半持环吊入之后，在上半部件的重力作用下，汽缸会向下发生变形。因此，应根据平面间隙的分布情况拧紧部分螺栓，拧紧之后应使法兰平面的最大间隙在 0.05mm 以下。如果间隙不能符合要求，则应将螺栓全部拧紧；如果全部拧紧之后间隙仍不能满足要求，则应采取热紧螺栓的方法，直至法兰平面的最大间隙小于 0.05mm 为止。对内缸、持环在紧螺栓后的洼窝中心进行测量，这时候应测量上、下、左、右四个点，此时测量的数据实际上是椭圆度变化加洼窝中心的变化。在第一次检修时可以发现，虽然法兰张口很大，但法兰平面上并没有漏汽的痕迹，这与安装时法兰螺栓在法兰无张口的情况下拧紧有着直接的关系。在运行过程中，法兰变形应力会不断进行释放，螺栓拉应力也会随之得到提高，只要拉应力在螺栓材质的屈服极限之内，就可以保障密封紧力，也就不会出现漏汽的情况，因此充分拧紧这部分螺栓是很有必要的。

测好内缸之后，按照内缸要求将外缸扣上，再次对各洼窝中心进行四点测量。这次测量出来的结果才是汽缸各级隔板、持环的真实的洼窝中心。此外，还需测量在外缸自重作用下洼窝中心的变化程度。开缸之后对各汽封洼窝中心进行复测，应与上次的测量结果基本一致。如若不然，则应查明原因，以保证测量结果的准确性和可靠性。然后对测量结果进行比较，计算出拧紧汽缸螺栓后的变化量。在开缸状态下，根据变化量和实际偏差调整持环、隔板洼窝中心，确保在合缸后使其位于与转子同心的位置上。另外，合外缸后只能对下三点进行测量，所以还需要对持环、内缸在拧紧法兰螺栓和自然状态下的圆度进行分别测量。

二、调整汽缸洼窝中心

在调整通汽部分洼窝中心之前，应确保汽缸变形量的测量数据准确无误。在具体的调整工作中应做到精益求精，以保证汽封间隙调整的准确性。同时，在调整洼窝中心之前，还应测量持环与内缸法兰平面以及内、外缸之间的相对高度，为了检验其是否符合调整量，在调整之后还要进行复测。应结合汽缸挠度对低压内缸洼窝中心进行调整，受基础不均匀沉降或低压外缸变形等影响，四角扬度可能会不一致，这时候还应结合扬度进行综合考虑。如果持环或内缸中各压力级偏斜的方向没有明显的规律，各级洼窝中心在向整体移动后都有向偏差较小的方向移动的趋势。在调整洼窝中心时，除低压内缸外，应用挂耳调整垂直方向的洼窝中心，而用底销调整水平方向的洼窝中心。调整结束之后，须对调整过的各间隙进行复测。

三、调整汽封间隙

在调整完各汽缸、持环及隔板洼窝中心并验收合格后，接着就可以调整汽封间隙。目前，检查汽封间隙所使用的方法主要有压铅丝和压橡皮膏的方法。这两种方法各有其特点，优劣点也各不相同。与压橡皮膏的方法相比，压铅丝检查方法在量化方面更为准确。不过，如果汽缸变形量较大，在合缸紧螺栓后间隙变大的情况下，使用这种方法测出来的结果是假象。而使用压橡皮膏的检查方法时，需参考盘动转子后的压痕状态，来对测量结果进行判别。因此，应结合现场的具体情况和检修习惯选择更为适合的检修方法。合缸洼窝中心的变形量测出来之后，也就得到了汽封间隙修正量，再结合汽封间隙标准半缸调初，然后开展全实缸检查。如果汽缸的通流部分为隔板形式，应在调整洼窝中心之前在其挂耳下加临时垫片，垫片厚度应与洼窝中心变化量相当。如果紧螺栓后显示洼窝中心向下移动，应将临时垫片放在挂耳与隔板之间，接着在半缸状态下使用假轴对隔板进行调整。这样就可以不修正汽封间隙，调整的时候按照标准要求即可，但要在上半时修正质量影响。调整结束之后，抽出临时垫片，然后检查最小间隙或全实缸复查汽封间隙。

汽封间隙过大时，可以采用加工汽封块背弧的方法，现在一般都使用专用的汽封加工车床加工，这种车床比较小，在安装现场就可以使用。需要注意的是加工时一定要让铣刀头沉到背弧槽的底部，否则加工面会出现台阶状，而造成重复工作。再有就是进刀量一次不要过大，否则会因为刀头受力太大而造成振动，使被加工面凹凸不平，这样加工完后间隙还是不准确。一般一次进刀量以不超过 0.30mm 为宜。如果汽封齿损坏或整个汽封块变形，而引起局部间隙过大则应更换新的汽封块。

汽封间隙。处理时最准确的方法就是加工每个汽封齿，以达到设计间隙，这时也可以使用上述的专用车床，并使用专门铣齿的铣刀头。需要注意的是无论是加工背弧还是汽封齿之前一定要用百分表检查一下汽封块的弧度是否和床臂的旋转弧度一致，否则会造成加工误差过大。一般误差在 0.05mm 以内即可进行加工。但是分别对每个齿进行加工需要多次精确的定刀和调整车床尺寸，所以耗时比较长，不大适宜工期较紧的现场。这时就可以使用另一种比较简单又直接的方法，就是使用样冲或尖头扁铲对汽封块的背弧处进行捻打形成高点，使汽封块在装入槽时向外移动而形成比原来大的汽封间隙。捻打前应先用卡尺测量出背弧厚度，捻打后再将高点处尺寸测量一下，两者差值为所调整间隙即可。捻打时一定要在每块汽封的两侧背弧最少各捻两点，否则会造成汽封块在槽内偏斜。对弹簧片弹力较大的汽封块捻打时一定要将点捻宽些，以免装入汽封槽过程中将捻好的尺寸摩擦变小。此种方法还应注意的就是捻完后应检查汽封块退让间隙是否够量。如果整圈汽封捻打的块数较多时还应检查整圈的汽封块圆周膨胀间隙是否超标。

第六节　盘车装置结构与检修

盘车装置是用于机组启动时，带动转子低速旋转，以便使转子均匀受热，减小转子变形的可能性，也用在停机后转子冷却阶段以及转子检查时驱动转子低速转动。盘车装置安装在汽轮机和发电机之间，由电动机和齿轮系组成，齿轮系由电动机通过一个无声链驱动。在齿轮箱中的有一个可移动小齿轮与套在汽轮机转子联轴器法兰上的齿圈啮合，冲转时，可移动的小齿轮借助于碰击齿轮在没有冲击的情况下立即脱开，并闭锁，不再投入。当转速下降到预定值时，盘车装置将自动投入。这时，信号显示器将显示出盘车装置在运行之中。其基本作用如下：

（1）机组停机后盘车，使转子连续转动，避免因汽缸自然冷却造成上、下缸温差使转子弯曲。

（2）机组冲转前盘车，使转子连续转动，避免因阀门漏汽和汽封送汽等因素造成的温差使转子弯曲。同时检查转子是否已出现弯曲和动静部分是否有摩擦现象。

（3）机组必须在盘车状态下才能冲转，若转子在静止状态下被冲转会因摩擦力太大将导致轴承的损伤。

（4）较长时间的连续盘车可以消除因机组长期停运和存放或其他原因引起的非永久性弯曲。

一、盘车装置检修工序

（一）盘车装置的拆除

（1）联系热工及电气人员拆除盘车装置电动机电源接线及相关信号线。

（2）拆除盘车装置供油管法兰及其控制用压缩空气管路活结。

（3）用拔销器取出销钉，松开盘车装置接合面螺栓，安装吊索及倒链，指挥行车将盘车装置缓慢吊起并放于专用支架上。注意啮合齿轮应不能与地面接触，放稳后，手盘时各级齿轮应不能与专用支架憋劲和磕碰。

（4）链条松弛度测量：拆除盘车驱动电动机链条侧面盖板，自由状态下在链条中间位置用钢直尺测量两侧链条间距，做好原始记录，再用手挤压链条中间位置到压不动为止，再次测量该状态下两链条间距，计算与原始值的差值，应不大于 28mm，否则回装时应截链。

（5）利用行车将盘车装置翻转 180°，倒放在专用支架上。

（二）盘车装置各级齿轮齿侧修前测量

将两互锁齿轮中的一个固定，然后在另一个齿轮的其中一个齿面的长度方向的中间安装一套百分表，来回转动可动齿轮，根据百分表读数测量齿侧间隙，将测量结果记入检修记录中。

（三）齿轮等宏观检查

利用肉眼或放大镜宏观检查各级齿轮啮合面应无裂纹、疲劳损坏、凹坑、麻点等缺陷，并拍照记录。对存在缺陷的齿轮进行处理或更换。

（四）齿轮接触情况检查

在每组齿轮的主动齿轮的所有工作齿面上涂上红丹粉，按盘车装置旋转方向盘车，检查齿轮啮合情况，要求齿轮沿齿高方向应大于等于 65%、沿齿长方向应大于等于 75%，且均匀接触。根据接触情况，处理或更换存在缺陷的齿轮。

（五）盘车解体检查

（1）松开盘车链条，将链条取下，妥善放置。

（2）松开惰轮及挂齿齿轮固定卡环，取出惰轮及挂齿齿轮、轴承，抽出惰轮轴及挂齿齿轮轴，做好标记后放在指定位置。

（3）拆开盘车装置轴承支架接合面螺栓，取出各级齿轮、齿轮轴及轴承，做好标记后放在指定位置。

（4）宏观检查各级齿轮轴承及轴径磨损情况，并拍照记录。

（5）用压缩空气吹扫检查各齿轮油口应无堵塞，检查各齿轮轴承油囊应完好。

（6）测量各级齿轮轴承内径及相应轴的外径，做好记录，并计算出轴承与轴的配合间隙。

（7）根据计算的结果，对间隙超标的轴承进行更换处理。

（六）盘车各部件清扫检查

对盘车装置各级齿轮、轴承及齿轮轴、齿轮箱内部及其接合面进行全面清理，要求应露出金属光泽。检查、清理各油路及油口，并用压缩空气吹扫干净，并应确认内部无异物堵塞后进行临时封堵。

（七）盘车装置回装

按盘车装置解体反序回装各部件。连接油管路和压缩空气管路，在管路接头连接时，垫圈均应更换。

（八）恢复热工和电气部件，盘车装置试转

汽轮机本体、电动机和励磁机，以及相关的油系统和电气、热工的检修已结束，办理试运。

顶轴油系统投入，并运行正常。检查各道轴承顶轴油压正常。

启动盘车装置，进行全面检查。轴系运转平稳，无明显振动，盘车各部位无异声，脱扣装置动作正常，盘车电流和顶轴油压正常，接合面等浸油部位无渗油漏油。

第七节 滑 销 系 统

汽轮机组在启动或停机、增减负荷时，缸体温度均会上升或下降，会产生热胀和冷缩现象。由于温差变化，热膨胀幅度可由几毫米至十几毫米。但与汽缸连接的台板温度变化很小，为保证汽缸与转子的相对位置，在汽缸与台板之间装有适当间隙的滑销系统，其作用是：

（1）保证汽缸和转子的中心一致，避免因机体膨胀造成中心变化，引起机组振动或动、静之间的摩擦。

（2）保证汽缸能自由膨胀，以免发生过大应力而引起变形。

（3）使静子和转子轴向与径向间隙符合要求。

一、滑销系统的结构

根据滑销的构造、安装位置和不同的作用，滑销可分为：横销、纵销、立销、猫爪横销、角销、斜销。

（1）横销。其作用是允许汽缸在横向能自由膨胀，一般装在低压缸排汽室的横向中心线上或排汽室的尾部，左、右各装一个。

（2）纵销。其作用是允许汽缸沿纵向中心能自由膨胀，限制汽缸纵向中心的横向移动。纵销中心线与横销中心线的交点称为"死点"，汽缸膨胀时这点始终保持不动。纵销安装在后轴承座、前轴承座的底部。

（3）立销。其作用是保证汽缸在垂直方向能自由膨胀，并与纵销共同保持机组的纵向中心不变。立销安装在低压汽缸排气室尾部与台板之间、高压汽缸的前端与前轴承座之间以及双缸汽轮机的低压汽缸前端和高压汽缸端与中心轴承座之间。所有的立销均在机组的纵向中心线上。

（4）猫爪横销。其作用是保证汽缸能横向膨胀，同时随着汽缸在轴向的膨胀和收缩，推动轴承座向前或向后移动，以保持转子与汽缸的轴向相对位置。猫爪横销安装在前轴承座及双气缸汽轮机中间轴承座的水平接合面上。猫爪横销和立销共同保持汽缸的中心和轴承座的中心一致。

（5）角销。装在前部轴承座及双缸汽轮机中间轴承座底部的左右两侧，以代替连接轴承座与台板的螺栓，但允许轴承座纵向移动。

（6）斜销。它是一种辅助滑销，起纵销和横销的双重导向作用。装在排汽室前部左右两侧撑脚与台板之间。

前轴承箱座落在前座架上，前座架由地脚螺栓固定在基础上，前轴承箱与前座架之间有纵向键导向允许前轴承箱沿前座架沿纵向滑动。前汽缸靠猫爪与紧固在前轴承箱上的滑块连接，前汽缸与前轴承箱之间有垂直键定位保证两者纵向中心一致。后汽缸座落在后座架上，后座架由地脚螺栓固定在基础上，后汽缸导板保证后汽缸与纵向中心一致。

就每台汽轮机的滑销系统而言，都有一个点，不管汽轮机的汽缸怎么前后左右膨胀，这个点的相对位置都不变，这个点称汽缸膨胀的死点。为保证汽缸能向前、后、左、右自由膨胀，为此各滑销与其槽的配合上，要求有一定的间隙，并且在精密加工之后，由钳工精心配制，滑动面要求光洁，无锈斑及毛刺，滑销系统发生故障，会妨碍机组的正常膨胀，严重时会引起机组的振动，甚至使机组无法正常运行。

二、滑销系统的检修

在每次大修中，所有能拆开的滑销均应拆开检查。检查时应注意其修前的状态，如间隙的变化、滑动面有无磨损和卡涩痕迹等。这些微小的变化往往会帮助我们发现汽轮机的重大隐患和故障的原因。

所有滑销的间隙，必须符合制造厂的规定。间隙过大，将造成汽缸、转子的相对位置变化。如遇这种情况，应用补焊后加工或另配制新销子的办法，将间隙缩小。新销通常可采用经正火处理的 45 号碳钢为制造材料。补焊后或新配置的销子强度不得低于原来金属的强度。更不许用点焊、捻打或挤的方法来修补过大的滑销间隙。滑销间隙过小，容易发生卡涩，妨碍汽缸膨胀。当滑销间隙过小或有磨损、卡涩痕迹时，必须用刮刀刮研。刮研好的滑销，应使全长的间隙均匀，并符合要求。接触面积应大于 80%。经检查合格的滑销要清扫干净，涂上干黑铅粉，再按记号装回原处，切不可装倒了头或装反了。

连接螺栓都应拆下清扫，用压缩空气吹干净，涂上干黑铅粉，再按记号装回原处。当螺栓拧紧后，若垫圈的间隙过小，要用刮削的方法使垫圈减薄来扩大间隙。不得用减小螺栓紧力来调大其间隙。间隙过大应另配制新垫圈，不能再加垫圈进行调整。

安装好的滑销，应很好保护。严防灰渣、砂粒等污物掉入滑销间隙内。可用胶布将间隙封住，或在每个滑销处加装合适的保护罩。加罩后不应影响机组的膨胀，还应便于运行中检查。汽轮机喷涂油漆时要仔细，不许喷涂在滑销间隙处，以免油漆干后堵塞间隙，影响膨胀。

现代高压汽轮机还有部分滑销都装置在轴承箱及排汽缸的支承下部，如纵销和横销等，不易拆开，在正常大修中一般不作检查。但当发现汽缸膨胀不均匀，有卡涩现象或台板出现间隙引起机组振动，因而对这些滑销的正常工作有怀疑时，应该拆下这部分滑销进行检查修理。通常前轴承箱下部的两个纵销及猫爪的横销较容易发生故障。检修该处的滑销可按下述步骤分解轴承箱：

（1）在分解前应测量汽缸和轴承箱的水平度、轴颈的扬度、汽缸的洼窝中心，以及立销和角销的间隙，以作为重新安装时的参考依据。

（2）将轴承箱内的调节部件及轴瓦吊出，分解与轴承箱连接的所有油管及两侧的角销。

（3）分解轴承箱上的两猫爪压板螺栓等，并在前轴承箱与汽缸之间安置一大型"工"字梁，用 2 个千斤顶在汽缸猫爪处将汽缸稍微顶起。在汽缸前的两侧各用 1 个手拉链条葫芦拉住汽缸，防止汽缸左右移动，这样便可取出猫爪的横销。

（4）用手拉链条葫芦拉轴承箱，使之向前滑动，当它离开汽缸猫爪后，就可用吊车将轴承箱吊出处理。

轴承箱的卡涩现象，可能是纵销引起，也可能是轴承箱与台板的滑动面存在毛刺等所造成。应全面检查滑销和滑动面，清除毛刺和锈垢。在测量滑销的配合间隙和检查销子与销槽接触情况时，可在轴承箱上的销槽涂上少许红丹后重新就位。借助一侧角销的螺栓，用撬杠将其推向另一侧，使前后销子同一侧接触。用塞尺测量另一侧的间隙后，继续用撬杠将轴承箱向一侧压着。借助手拉链条葫芦前后移动轴承箱几次，然后再将轴承箱压向另一侧，再前后移动几次，就可吊出轴承箱检查纵销接触情况。间隙过小或接触不良应进行刮研。若销子与销槽间隙过大或锈蚀严重，出现麻坑，应重新配制销子。新销子可以先在外部按销槽初步研配，使销子能放入销槽中，然后将销子用螺栓固定在台板上，按上述方法进行最后研合。在开始研合时，可能因滑销或销槽加工的误差，轴承箱不能完全落靠台板，此时可将轴承箱重新吊起，根据落下时销槽与销子卡出的痕迹进行修刮。当轴承箱能够落靠台板后，就应拉到工作位置，试将两猫爪下的横销装入，并用塞尺检查两横销间隙是否在一侧。若两横销不能装入或间隙不在一侧，说明纵销发生偏斜，在继续研刮时应注意修正。研刮到滑销接触和间隙合格并且没有偏差时为止。

若台板与轴承箱的销槽中心偏离较大，必须配制偏心销子时，可以按下述方法确定偏离尺寸：

在台板销槽附近涂上紫色（钳工划线用色）将轴承箱在不装销子的情况下吊装就位，并将猫爪横销插入固定。注意调整轴承箱的位置使两横销间隙都在一侧，避免轴承箱放置发生偏斜，并通过汽缸洼窝找中心，定好轴承箱的中心位置。确信轴承箱放置正确后，用划针将轴承箱的前后销槽划到台板上，吊开轴承箱，将台板上前后的划痕用钢直尺连成直线，便可用游标卡尺测出销子上下部分的偏心量。

轴承箱与台板间如果出现间隙，易引起轴承振动，此时必须进行研刮处理。这种缺陷一般由于轴承箱发生变形所致。可将轴承箱倒置用长平尺进行检查。若变形较大，可先用平尺初步研刮，最后再与台板对研，直至 0.05mm 塞尺塞不进为止。在研刮过程中为了防止刮偏，最好每修刮 3～4 次，把轴承箱放置在台板上，按安装时所规定的位置检查轴承箱的水平，其纵横向水平值应符合制造厂的要求。

滑销与台板缺陷处理完毕后将纵销固定螺栓紧好并捻死。台板滑销及轴承箱底部均应用布用力擦上干黑铅粉或二硫化钼粉，然后用压缩空气将剩余粉末吹净。进行轴承箱最后的组合，其顺序与分解时相反。组合后，除测量滑销配合间隙外，还应作轴承箱和汽缸的纵向和横向水平、轴颈扬度、汽缸洼窝中心的测量工作。

第八节　汽 轮 机 找 中 心

汽轮机找中心工作，是机组安装检修过程中一个极其重要的环节。本节针对难度较大的机组轴系，按联轴器找中心过程从理论推导到实践应用作了详细的介绍，并总结了其中的方法与规律。可依据这些规律，在生产实践中将测量数值代入相关公式，即可由计算结果的正负值判断调整量的大小与方向。

另外，本节针对轴瓦垫铁的宽度对找中心的影响作了详细的分析，并且提出了具体的解决方案。避免了因为粗略计算与逐步调整而造成的人力物力浪费及工作效率的降低。

一、找中心的作用

汽轮机运行时，由于支持轴承钨金的磨损，汽缸及轴承座的位移，轴承垫铁的腐蚀等方面的原因，汽轮发电机组的中心就会发生变化。若中心变化过大，会产生很大的危害，如使机组振动超标、动静部件之间发生碰摩、轴承温度升高等，所以在检修时一定要对汽轮机组中心进行重新调整。这是一项重要而又细致的工作。随着机组容量的增大，逐渐向着三轴两支点、单轴单支点趋势发展，找中心工作更为复杂，所以要认真对待。

二、找中心的目的

（1）使汽轮发电机组各转子的中心线连成一条连续光滑的曲线，各轴承负荷分配符合设计要求。

（2）使汽轮机的静止部件与转子部件基本保持同心。

（3）将轴系的扬度调整到设计要求。

三、找中心的步骤

（1）汽缸及轴承座找正。通常只用水平仪检查汽缸、轴承座位置是否发生偏斜。汽缸及轴承座找正是汽轮机安装过程中重要的工作之一，一般来说，除非基础变形或沉降，否则汽缸和轴承座的位置偏移不会太大，因而在一般的机组检修过程中，仅对汽缸、轴承座的位置作监视性测量，在不威胁机组安全运行的情况下，可不作调整。

（2）结合轴颈扬度值及转子对轴承座及汽缸的洼窝中心，进行各转子间联轴器找中心，又称预找中心。扬度值改变过大会影响轴系负荷分配、发电机空气间隙，在一定程度上也影响转子的轴向推力；转子对轴承座及汽缸的洼窝中心不正，将会加大油挡、隔板及汽封套的调整量，所以进行各转子按联轴器找中心时，一定要结合扬度及洼窝中心进行，当三者发生矛盾时，以各转子按联轴器找中心为主。后面将对其进行详细介绍。

轴封套、隔板按转子找中心。机组运行时，要求隔板汽封及轴端汽封与转子之间的间隙要大小适当、均匀合理。如果轴封套及隔板与转子之间的间隙相差很多，则在以后进行的汽封间隙调整时，将具有很大难度，所以要将轴封套、隔板按转子找中心。

（3）复查各转子中心，又称正式找中心。在汽轮机通流部件全部组合后，各转子的联轴器中心值可能会发生一些变化，所以应复查汽轮机各转子、汽轮机转子与发电机转子、发电机转子与励磁机转子之间的中心情况，如有变化，需重新找正。一般来说，变化不会太大，如果由于某种特殊的原因造成中心变化很大，则不能强行找正，因为此时通流部件径向间隙都已调整完毕，如转子调整量过大，将会造成动静部件之间严重摩擦。只能揭开汽缸，查明原因，重新调整。

四、中心不正的危害

中心不正的危害很多，下面就两个常见且十分重要的方面加以论述。

1. 造成个别支承轴承负荷过重、轴承钨金磨损、润滑油温升高

以最常见的两转子四个轴承支承结构为例，转子按联轴器找中心时，中心符合标准的情况下，两转子的重力会均匀地被4个轴承承担。中心不正时会对轴瓦负荷的均匀分配产生影响，有三种可能：一是联轴器端面张口值超标；二是联轴器圆周差超标；三是既存在联轴器端面张口超标，又存在联轴器圆周差超标。

（1）联轴器端面张口值超标对轴瓦负荷均匀分配的影响。

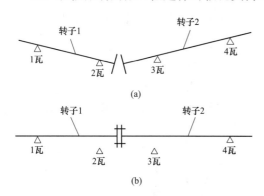

图 2-26　下张口超标时对轴瓦负荷分配的影响
（a）连接前；（b）连接后

为了便于分析问题，先把各转子看作绝对刚体，以下张口超标为例，如图 2-26 所示，两转子连接后，2 瓦与 3 瓦不再支承转子，两转子的重力由 1 瓦与 4 瓦承担，因此 1 瓦与 4 瓦的负荷将加重。实际上转子并非绝对刚体，在自重的作用下将产生挠曲，使 2 瓦与 3 瓦也承担部分负荷，但这种负荷转移是客观存在的，因此机组运行时 1 瓦与 4 瓦（也就是远离联轴器的两个轴瓦）轴颈与轴瓦之间的摩擦力将很大，使润滑油温升高，严重时会使轴颈和轴瓦钨金磨损。

反之，如果上张口超标，则离联轴器较近的两个轴承的负荷将加重，远离联轴器的两个轴承负荷将减轻。

（2）联轴器圆周差超标对轴承负荷均匀分配的影响。

此问题分析思路与张口值超标时相同，如图 2-27 所示。可以看到联轴器圆周差超标情况下，会使圆周较低转子的远离联轴器的轴承与圆周较高转子的靠近联轴器的轴承负荷加重，另两个轴承负荷减轻。同理，负荷加重的轴承会使润滑油温升高，严重时会导致轴颈和轴瓦钨金磨损。

（3）既存在联轴器端面张口超标，又存在联轴器圆周差超标的影响。

此情况下的原理同上，会使各轴瓦负荷分配不均，这里不再赘述。

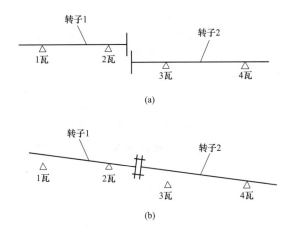

图 2-27　圆周差超标时对轴瓦负荷分配的影响

（a）连接前；（b）连接后

2. 使机组产生振动

如果转子不对中，转子连接后将受到强迫外力的作用，引起轴系强迫振动。另外，由上述分析可知，由于转子中心不正，会使个别轴承负荷减轻，轻载轴承失稳转速很低，很容易产生油膜的自激振动，即平时所说的半速涡动（转速低于两倍临界转速时）和油膜振荡（转速高于两倍临界转速时）。

五、转子按联轴器找中心的准备工作及注意事项

1. 转子按联轴器找中心的准备工作

（1）检查联轴器的圆周、端面应光滑，无毛刺、划痕及凸凹不平。

（2）联轴器记号应相互对应。

（3）联轴器应穿入两个对称的假活动销连接。

（4）准备好百分表、塞尺、塞块、专用卡具、内径百分表、镜子、行灯等工量具。

2. 转子按联轴器找中心的注意事项

（1）检查各轴承安装位置是否正确，垫铁接触是否良好。

（2）空载时底部垫铁是否存在规定的预留间隙（一般为 0.03～0.07mm，目的是使轴瓦承载时各垫铁所承受的负荷均匀）。

（3）检查油挡和汽封间隙，确信转子未接触油挡和汽封齿。

（4）对于放置较长时间的转子在测量前应盘动数圈，以消除静垂弧给测量造成的误差。

（5）放净凝汽器内的存水，下部弹簧处于自由状态。

（6）百分表架装设应牢固，测量圆周的百分表杆延长线应与轴心线垂直相交，测量端面的百分表杆应与端面垂直用以消除测量误差。

（7）百分表杆接触的位置应光滑、平整，且百分表灵活、无卡涩。

（8）每次读表前，假连接销均应无蹩劲现象，盘动转子的钢丝绳不应吃劲。使用电动

盘车地脚要确认紧固牢固，正、反转清楚。

（9）使用塞尺测量每次不应超过 4 片，单片不应有折纹，塞入松紧程度适中，不应用力过大或过小。

（10）调整轴瓦垫铁时，垫片不应有弯曲、卷边现象，对于轴承座、垫铁毛刺及垫片的油污、灰尘应清理干净，轴瓦翻入时，洼窝内应抹少许润滑油，有些轴瓦润滑油入口通过下轴瓦一侧垫铁，所以在调整垫铁内的垫片时不要漏剪油孔。

（11）当调整量过大时，应检查垫铁的接触情况是否良好，出现间隙应研刮至合格。

六、找中心方法

（一）转子按联轴器找中心的测量方法

圆周值及端面值可用百分表或塞尺来测量。

1. 用百分表测量的方法

（1）测量方法。通常使用两个专用卡子将一个测量圆周值的百分表和两个测量端面值的百分表固定在一侧联轴器上，百分表的测量杆分别与另一侧联轴器的外圆周面及端面接触，装设百分表专用卡子的结构形式很多，它是依据联轴器的结构形状来制作的，图 2-28 所示为一种通用性较好的专用卡子。百分表应固定牢固，测量端面值的两个百分表尽量处于同一直径线并且距离轴心相等的对称位置上。百分表杆接触处，必须光滑平整。

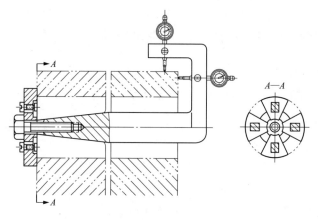

图 2-28　装设百分表专用卡子

两端联轴器按组合记号对准，并用临时销子连接，以便用吊车可同时盘动两转子，目的为了消除联轴器自身缺陷（如瓢偏、晃度）引起的测量误差。测量时应使百分表依次对准每个测量位置。两个转子转动过程中，应尽量避免冲撞，以免百分表振动引起误差。为此连接两转子用的临时销子直径不应过小，比销孔直径小 1～2mm 即可。

转子转过四个测量位置以后，还应转回到起始位置，此时测圆周的百分表的读数应复原；测量端面值的两个百分表读数的差值应与起始位置的相同。若误差大于 0.03mm，应查找原因，并重新测量。

水平（垂直）两圆周测量值之差称为这个方向的圆周差，而两转子轴心线的偏差称为圆心差，数值为圆周差的一半。水平（垂直）两端面测量值之差称为这个方向的端面偏差值，有时也称为张口值。

（2）装设百分表记录方法如图 2-29 所示。

联轴器外圆架设 1 块百分表，端面沿直径方向架设 2 块百分表。旋转 360°，每隔 90°记录一组数值。A、B、C、D 分别表示外圆架设的百分表每隔 90°角度记录的读数。a_1、b_2、c_3、d_4 分别表示端面沿直径方向架设的第 1 块百分表每隔 90°角度的 4 个读数，c_1、d_2、a_3、b_4 分别表示端面沿直径方向架设的第 2 块百分表每隔 90°角度的 4 个读数。

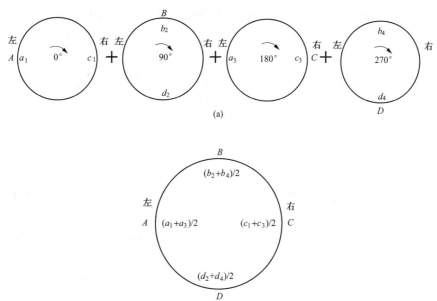

图 2-29　装设百分表记录方法

（a）分步记录图；（b）综合记录图

（3）中心偏差的计算方法，见表 2-7。

表 2-7　　　　　　　　　　中心偏差的计算方法（百分表测量）

位置类型	上下	左右
端面偏差大小	$\lvert(b_2+b_4)/2-(d_2+d_4)/2\rvert$	$\lvert(a_1+a_3)/2-(c_1+c_3)/2\rvert$
圆心偏差大小	$\lvert B-D\rvert/2$	$\lvert A-C\rvert/2$

（4）中心偏差方向确定方法。水平（垂直）两圆周测量值中较大的一个所在的方向就是百分表杆接触的联轴器圆周偏差的方向，称之为此联轴器圆周偏上（或下、左、右）。

水平（垂直）两端面测量值中较大的一个所在的方向就是两联轴器端面偏差的方向，称之为上（或下、左、右）张口。

2. 用塞尺（或内径百分表）测量方法

（1）测量方法。由于某些机组的联轴器与轴承座的间隙较小等原因，不能使用百分表测量，可采用塞尺测量的办法。它是借助一个固定在一侧联轴器上的专用卡子来测量圆周值，如图 2-30 所示。

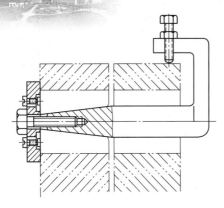

图 2-30 用塞尺测量的专用卡子

端面值可直接用塞尺或内径百分表测量。如果联轴器下方的圆周值及端面值无法用塞尺测量，在假设联轴器十分标准的情况下，下方的值可用左右两边的测量值之和减去上方的测量值计算得到，间隙太大时应用塞块配合测量。在测量时应特别注意：要使每次测量时塞尺插入的深度、方向、位置以及使用的力都力求相同。因此，从卡子开始，每隔 90°临时标记好联轴器端面的测量位置。在测圆周值时，塞尺塞入的力不要过大，以防止卡子变形、松动，引起误差。在 4 个测量位置测完后，将转子转到起始位置，再次测量起始位置的圆周值，以检查卡子是否松动。

（2）用塞尺测量记录方法如图 2-31 所示。在联轴器外圆架设 1 块百分表，两联轴器端面数值用塞尺测量，联轴器旋转 360°，每隔 90°测量 1 组数值。A、B、C、D 分别表示外圆架设的百分表每隔 90°角度的 4 个读数，a_1、b_1、c_1、d_1 分别表示 0°角度时塞尺测量数值，a_2、b_2、c_2、d_2 分别表示 90°角度时塞尺测量数值，a_3、b_3、c_3、d_3 分别表示 180°角度时塞尺测量数值，a_4、b_4、c_4、d_4 分别表示 270°角度时塞尺测量数值。

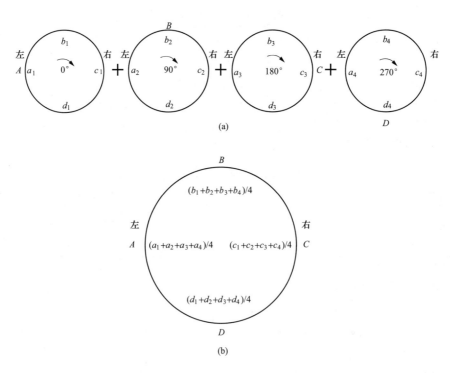

图 2-31 用塞尺测量记录方法

（a）分步记录图；（b）综合记录图

（3）中心偏差的计算方法，见表 2-8。

表 2-8　　　　　　　　　　　　　　中心偏差的计算方法（塞尺测量）

位置种类	上下	左右
端面偏差大小	$\|(b_1+b_2+b_3+b_4)/4-(d_1+d_2+d_3+d_4)/4\|$	$\|(a_1+a_3+a_3+a_4)/4-(c_1+c_2+c_3+c_4)/4\|$
圆心偏差大小	$\|B-D\|/2$	$\|A-C\|/2$

（4）中心偏差方向确定方法。水平（垂直）两圆周测量值中较小的一个所在的方向就是塞尺接触的联轴器圆周偏差方向，称之为此联轴器圆周偏上（或下、左、右）。需要注意的是用塞尺测量与用百分表测量的圆周值大小的意义刚好相反。

水平（垂直）两端面测量值中较大的一个所在的方向就是两联轴器端面偏差方向，称之为上（或下、左、右）张口。

（二）机组按联轴器冷态找中心时圆周及张口值的确定原则

由于轴承座高程的变化，凝汽器真空度及循环水质量的影响等原因，机组轴系的热态中心与冷态中心相比会有一些变化，所以机组在冷态找中心时要采取预留偏差量的方式给予补偿。

绝大多数生产厂家在机组设计时就已给定了偏差量的数值。最初可按此给定值进行轴系中心的调整工作。经过长时间的运行之后，应根据运行参数（如轴瓦润滑油温、振动数据等）及检修解体时的宏观检查（如轴瓦与轴颈的磨损情况）确定轴系中心偏差预留量的数值。

例如，某台 200MW 机组经低压通流部分改造之后，按给定的设计值调整轴系中心之后，运行过程中发现 5 号轴承（低压缸后侧轴承）润滑油温明显升高，检修解体时发现 5 号下瓦钨金有明显的磨损痕迹，说明 5 号轴承运行时负荷较重。轴瓦经过处理后，重新进行了低压转子与发电机转子联轴器中心找正工作。使低压转子-发电机转子联轴器的下张口值比原设计值略有增加，发电机转子联轴器中心比低压转子联轴器中心略偏上，目的是减轻 5 号轴承运行时的负荷。机组投运后，5 号轴承润滑油温明显下降，一直保持着良好的运行状态。

（三）转子按联轴器找中心的基本计算方法

因为这里着重阐述计算方法，为便于推理，假设各转子均为绝对刚体。

1. 一根转子不动并同时调整另一根转子的两个支撑轴瓦的计算方法

这种方法在找中心的过程中经常用到，尤其在预找中心的时候。其优点是计算精度高，一步到位，减少调整工作量，但计算相对复杂一些。下面举例说明，如图 2-32 所示。

已知条件：转子 1 不动，调整转子 2，转子 1 与转子 2 间联轴器端面张口值为 a_1，联轴器 1 圆心差为 b_1，转子 1 的联轴器直径为 ϕ_1，转子 2 的联轴器直径为 ϕ_2，联轴器 1 端面到 X 瓦的距离为 L_1，到 Y 瓦的距离为 L_2，到联轴器 2 端面的距离为 L。测量时，表打在转子 2 的联轴器 1 上。

（1）计算思路。

1）首先以转子 2 的联轴器 1 中心为支点，调整 X 瓦、Y 瓦，使转子 2 与转子 1 平行，来达到消除联轴器 1 张口值 a_1 的目的。

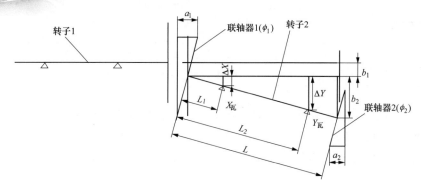

图 2-32　同时调整一根转子的两个支撑轴瓦示意图

X 瓦的调整量为 ΔX，Y 瓦的调整量为 ΔY，根据三角形相似定律可知：

$$\Delta X = (L_1/\phi_1) \cdot a_1$$

$$\Delta Y = (L_2/\phi_1) \cdot a_1$$

联轴器 2 张口的改变量为：

$$a_2 = (\phi_2/\phi_1) \cdot a_1$$

联轴器 2 圆心的改变量为：

$$b_2 = (L/\phi_1) \cdot a_1$$

2）然后将转子 2 平移，消除联轴器 1 圆心差，由图可知调整量为 b_1。

（2）规律总结。

1）消除联轴器 1 张口时，两个瓦的移动方向相同，均为张口方向。

2）消除联轴器 1 圆心差时，两个瓦的移动方向相同，大小相等，均为圆心差值。

3）X 瓦与 Y 瓦的调整量。

X 瓦的调整量为：

$$\Delta X_{总} = (L_1/\phi_1) \cdot a_1 \pm b_1$$

Y 瓦的调整量为：

$$\Delta Y_{总} = (L_2/\phi_1) \cdot a_1 \pm b_1$$

式中加减号的判断方法为：联轴器 1 圆心差与端面张口同向取减号，反向取加号。

$\Delta X_{总}$ 与 $\Delta Y_{总}$ 计算结果的正负值代表的含义为：正值说明轴瓦需要向转子 1 与转子 2 间联轴器的张口的方向移动，负值说明轴瓦需要向张口的反方向移动，移动距离均为计算数值的绝对值。

4）联轴器 2 中心改变量。

联轴器 2 张口的总改变量为：

$$\Delta a_{2总} = a_2 = (\phi_2/\phi_1) \cdot a_1$$

联轴器 2 圆心的总改变量为：

$$\Delta b_{2总} = b_2 + b_1 = (L/\phi_1) \cdot a_1 \pm b_1$$

式中加减号的判断方法为：联轴器 1 圆心差与端面张口同向取减号，反向取加号。

$b_{2总}$ 计算结果的正负值代表的含义为：正值说明联轴器 2 圆心应向转子 1 与转子 2 的

联轴器张口的方向移动，负值说明联轴器 2 圆心应向张口的反方向移动，移动距离均为计算数值的绝对值。

5）此方法在水平与垂直方向均适用，应分别计算。

2. 只需调整某根两个轴瓦支撑转子的一个轴瓦的计算方法

这种调整方法简单实用，尤其在正式找中心时，由于通流部件径向间隙已经调整结束，不允许在有过大的调整量，加之调节空间狭窄，个别下瓦很难翻出等原因，所以应尽量减少调整轴瓦的个数。

（1）张口变化量与轴瓦调整的关系，如图 2-33 所示。

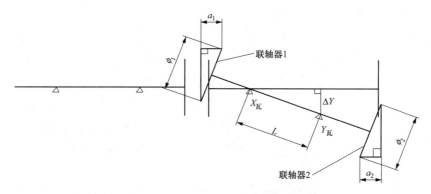

图 2-33　调整一个轴瓦时张口变化量与轴瓦调整量的关系

若只动 Y 瓦，设 Y 瓦调整量为 ΔY，联轴器 1 张口变化量为 a_1，联轴器 2 张口变化量为 a_2，联轴器 1 的直径为 ϕ_1，联轴器 2 的直径为 ϕ_2，X 瓦与 Y 瓦之间的距离为 L，由三角形相似定律知：

$$a_1 = (\phi_1/L)\Delta Y$$
$$a_2 = (\phi_2/L)\Delta Y$$

规律总结：

1）张口的改变量等于对应联轴器直径与同一转子两轴瓦之间的距离的比值再乘以调整瓦的调整量。

2）此公式在水平与垂直方向均适用。

（2）圆心差变化量与轴瓦调整量的关系，如图 2-34 所示。

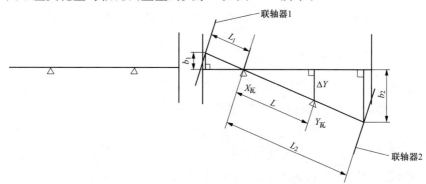

图 2-34　调整一个轴瓦时圆心差变化量与轴瓦调整量的关系

若只动 Y 瓦，设 Y 瓦调整量为 ΔY，联轴器 1 轴心差变化量为 b_1，联轴器 2 轴心差变化量为 b_2，联轴器 1 的中心到 X 瓦的距离为 L_1，联轴器 2 的中心到 X 瓦的距离为 L_2，X 瓦与 Y 瓦之间的距离为 L，由三角形相似定律知：

$$b_1 = (L_1/L) \cdot \Delta Y$$
$$b_2 = (L_2/L) \cdot \Delta Y$$

规律总结：

1）圆心差的改变量等于对应联轴器端面到未动瓦（支点）的距离与同一转子两瓦之间的距离的比值再乘以调整瓦的调整值。

2）此公式在水平与垂直方向均适用。

（3）根据联轴器中心测量值确定被调整轴瓦的方法。

根据 1、2 论述可知，若只通过调整一个轴瓦的方式解决中心偏差时，对联轴器 1 而言，当张口值为 a_1 时，无论选择调整 X 瓦还是选择调整 Y 瓦，二者的调整量大小相等，都为 $(L/\phi_1) \cdot a_1$，但方向相反；当圆心差为 b_1 时，选择调整 X 瓦时的调整量为 $[L/(L_1+L)] \cdot b_1$，选择调整 Y 瓦时的调整量为 $(L/L_1) \cdot b_1$，Y 瓦的调整量与 X 瓦的调整量比值为 $(1+L/L_1)$，一般情况下 L 比 L_1 大许多，所以 Y 瓦的调整量要比 X 瓦的调整量大的多。

由上述分析可知，对于特定联轴器而言，若只通过调整一个轴瓦的方法消除中心偏差时，在圆周的偏差量很小，端面偏差量很大的情况下，即端面的偏差量为主要矛盾时，应该调整远离联轴器的轴瓦；反之，在端面的偏差量很小，圆周偏差量很大的情况下，即圆的偏差量为主要矛盾时，应该调整靠近联轴器的轴瓦。

即平时所说的"远调面、近调圆"。

3. 需要整体调整底座的计算方法

某些机组的发电机或励磁机找中心时需要将底座一起调整，这种情况的调整原则是先调整垂直方向，再调整水平方向；先调整张口值，再调整圆心差。因为垂直方向是通过在底座下加减垫片来调整，而水平方向则通过顶丝或千斤顶平移底座来调整。如果先调整水平方向，那么在调整垂直方向时水平位置还会发生改变，那么前面水平方向的调整就失去意义。另外当在底座某一位置加或减垫片的时候，转子将连同底座整体绕底座某一点旋转，对于张口的改变量可以根据图形列出相应的关系式，而对于圆心差的改变量来说很难列出一个精确的关系式，所以应先根据关系式计算数值把张口消除，然后再整体平移消除圆心差。

假设在底座下加减调整垫片（或安置顶丝）的位置为 n 点，底座将绕着某点旋转，设此点为 m 点，m 点与 n 点之间距离为 L，联轴器直径为 φ，若在 n 点撤去垫片的厚度为 Y，联轴器张口改变量为 a（见图 2-35），由三角形相似定律可得：

$$a = (\phi/L) \cdot Y$$

实际上为了增加机组运行的稳定性，在底座下不可能只在一点加垫片，这样引用是为了便于说明问题，VD-5 型汽轮机组发电机底座支撑点与联轴器相关尺寸，如图 2-36 所示。

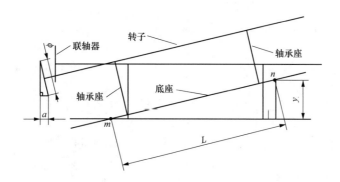

图 2-35　整体调整底座时张口改变量与调整量的关系

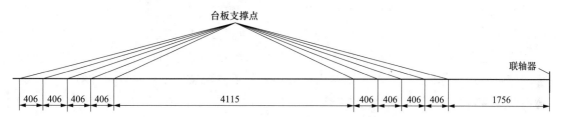

图 2-36　VD-5 型汽轮机组发电机底座支撑点与联轴器相关尺寸

规律总结：

（1）联轴器端面张口的改变量等于联轴器的直径与加（减）垫片点到旋转支点的距离的比值再乘以加（减）垫片厚度的数值。

（2）此公式在水平与垂直方向均适用。

4．两转子三轴承支撑结构的计算方法

某些机组采用两转子三轴承支撑的结构方式，在只有一个轴瓦的转子联轴器下配有一个供找中心用的假轴瓦。找中心时，先调整假轴瓦将圆心差消除，然后测量张口值，消除预留张口值外的其他张口值。

如图 2-37 所示，最简单的方法是调整 1 瓦，设 1 瓦调整量为 Y，张口改变量为 a，1 瓦到联轴器 1 中心的距离为 L，联轴器 1 的直径为 ϕ，根据三角形相似定律，由图可得：

$$a = (\phi/L) \cdot Y$$

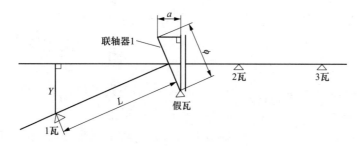

图 2-37　1 瓦调整量与张口值变化关系

规律总结：

（1）联轴器端面张口的改变量等于联轴器的直径与联轴器到 1 瓦的距离的比值再乘以 1 瓦的调节量。

（2）此公式在水平与垂直方向均适用。

需要指出的是，如果受到轴颈扬度、洼窝中心、动静间隙等因素限制，只调整 1 瓦不能满足中心的要求时，可根据上述相关理论调整 2 瓦与 3 瓦。

从上述四种轴系找中心的计算方法可以看出，推导调整量与张口（圆周）值变化量的关系时，都是根据相似三角形定律，而且得出的结论都是二者之间存在一个常量的系数，所以把这种计算方法称之为"三角比例系数法"。

5. 轴瓦调整的计算方法

一般情况下，轴瓦的调整有两种方式。一种是调整轴承座，例如个别发电机及励磁机的轴瓦就是这种调整方式。这种情况操作简单，在垂直方向只需在轴承座底部加或减去与计算数值相同厚度的垫片即可；在水平方向只需将轴承座平移与计算数值相同的距离即可。另一种方式是通过在下轴瓦垫铁内加减垫片的方式调整，下瓦垫铁一般有 2～3 块，下面以 3 块垫铁为例说明垫铁调整量与中心变化的关系。设左右两侧垫铁中心线分别与垂直方向夹角为 α，如图 2-38 所示，则有如下规律：

（1）三块垫铁全动时的计算方法。

1）轴瓦需垂直移动时。

轴瓦上移距离 ΔY，则两侧及下部垫铁内均需加垫片，两侧数值为 $+\Delta Y\cos\alpha$，下部数值为 ΔY；反之轴瓦下移 ΔY 则两侧及下部垫铁内均需减垫片，两侧数值为 $-\Delta Y\cos\alpha$，下部数值为 $-\Delta Y$，如图 2-39 所示。

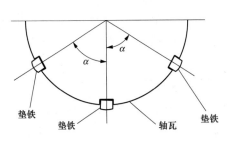

图 2-38　下轴瓦垫铁位置示意图

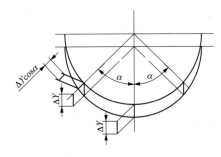

图 2-39　轴瓦垂直调整量与垫铁调整量的关系

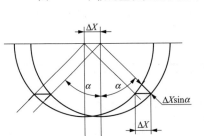

图 2-40　轴瓦水平调整量与
垫铁调整量的关系

2）轴瓦需水平移动时。

轴瓦左移距离 ΔX，则右侧垫铁内需加垫片，数值为 $+\Delta X\sin\alpha$，左侧垫铁内需减垫片，数值为 $-\Delta X\sin\alpha$，底部垫铁不动；反之轴瓦右移距离 ΔX，则右侧垫铁内需减垫片，数值为 $-\Delta X\sin\alpha$，左侧垫铁内需加垫片，数值为 $+\Delta X\sin\alpha$，下部垫铁不动。如图 2-40 所示。

3）轴瓦需水平、垂直同时移动式。

综上 1)、2) 所述，两侧垫铁内垫片调整量为 $\Delta_侧 = \pm\Delta Y\cos\alpha \pm \Delta X\sin\alpha$；下部垫铁内垫片调整量为 $\Delta_下 = \pm\Delta Y$。

式中正负号的选择依据上边 1)、2) 两点论述判定，如果 $\Delta_侧$ 的计算结果为正值，说明两侧垫铁内需加垫片，$\Delta_下$ 的计算结果为正值，说明底部垫铁内需加垫片；反之 $\Delta_侧$ 的计算结果为负值，说明两侧垫铁内需减垫片，$\Delta_下$ 的计算结果为负值，说明下部垫铁内需减垫片。

这种矢量的计算方法只需按公式代入数值即可，无须太强的理解与计算能力，方便、易记，最大限度地避免了凭主观感觉决定加减的标量算法造成的容易混乱的问题。

（2）轴瓦左右一侧垫铁不动的计算方法。

在正式找中心时，由于空间及设备限制，某些下瓦翻转比较困难，所以应尽量减少翻转次数。当某一轴瓦在水平及垂直方向同时需要调整时，有时只需调整下瓦一侧及下部垫铁内的垫片，而另一侧垫铁不动即可达到目的，大大减小了工作量。下面就分析一下在一侧垫铁内加减垫片时轴瓦在水平及垂直方向上的变化规律，设侧面垫铁中心线与垂直方向夹角为 α。

1）假设只在左侧垫铁内加厚度为 a 的垫片，右侧垫铁不动，此时轴瓦水平方向向右移动为 X，垂直方向向上移动为 Y。则可以把这个过程分解成两步来完成。

2）先在两侧垫铁内都加上 $Y\cos\alpha$ 厚的垫片，此时轴瓦上抬的距离为 Y。

3）然后在左侧垫铁内加 $X\sin\alpha$ 厚的垫片，在右侧垫铁内减 $X\sin\alpha$ 厚的垫片，则轴瓦右移 X。

4）此时左侧垫铁内加厚为 $(Y\cos\alpha + X\sin\alpha)$ 的垫片，右侧垫铁内加厚为 $(Y\cos\alpha - X\sin\alpha)$ 的垫片，由题设知右侧垫铁未动，左侧垫铁内加厚为 a 的垫片，所以有：

$$Y\cos\alpha + X\sin\alpha = a$$
$$Y\cos\alpha - X\sin\alpha = 0$$

解得：

$$Y = a/(2\cos\alpha)$$
$$X = a/(2\sin\alpha)$$

5）规律总结。

若一侧垫铁内加（减）垫片，另一侧垫铁不动，则轴瓦垂直变化量为所加垫片的数值除以二倍的垫铁中心线与垂直方向夹角的余弦值所得的商值。轴瓦水平变化量为所加垫片的数值除以二倍的垫铁中心线与垂直方向夹角的正弦值所得的商值。

6. 轴系找中心实例

为了能够更好地理解上述所介绍的转子按联轴器找中心的计算方法，下面举两个轴系找中心实例加以介绍分析。

【例 2-1】 单个联轴器中心偏差找正方法。

已知条件，如图 2-41 所示：联轴器直径 $\phi = 630\text{mm}$；下轴瓦侧部垫铁中心线与垂直方向夹角为 72°；$L_1 = 630\text{mm}$；$L_2 = 6250\text{mm}$；用百分表测量法测量中心偏差值，百分表杆接触在转子 2 的联轴器上测得的中心综合图如图 2-42 所示。

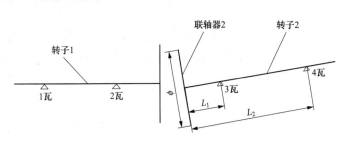

图 2-41　单个联轴器中心偏差找正

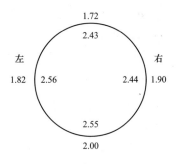

图 2-42　中心测量综合图

解

（1）联轴器间的中心关系。

1）水平方向。

联轴器 2 中心偏右：（1.90－1.82）/2＝0.04

左张口：2.56－2.44＝0.12

2）垂直方向。

联轴器 2 中心偏下：（2.00－1.72）/2＝0.14

下张口：2.55－2.43＝0.12

（2）调整量计算。

采取保持转子 1 不动，调整转子 2 的方法，即调整 3 瓦和 4 瓦。

1）水平方向调整量（左张口）。

$$\Delta X_{3瓦} = (L_1/\phi) \cdot a + b = (630/630) \times 0.12 + 0.04 = 0.16$$

思路：因为圆周和张口方向相反，所以式中取加号；$\Delta X_{3瓦}$ 结果为正值，说明 3 瓦须向张口方向移动，即应向左移动。

$$\Delta X_{4瓦} = (L_2/\phi) \cdot a + b = (6250/630) \times 0.12 + 0.04 = 1.23$$

思路：因为圆周和张口方向相反，所以式中取加号；$\Delta X_{4瓦}$ 结果为正值，说明 4 瓦须向张口方向移动，即应向左移动。

2）垂直方向调整量（下张口）。

$$\Delta Y_{3瓦} = (L_1/\phi) \cdot a - b = (630/630) \times 0.12 - 0.14 = -0.02$$

思路：因为圆周和张口方向相同，所以式中取减号；$\Delta X_{3瓦}$ 结果为负值，说明 3 瓦须向张口相反方向移动，即应向上移动。

$$\Delta Y_{4瓦} = (L_2/\phi) \cdot a - b = (6250/630) \times 0.12 - 0.14 = 1.05$$

思路：因为圆周和张口方向相同，所以式中取减号；$\Delta X_{4瓦}$ 结果为正值，说明 4 瓦须向张口方向移动，即应向下移动。

3）3 瓦左侧垫片调整量。

$$+ \Delta Y \cos\alpha - \Delta X \sin\alpha = 0.02\cos72° - 0.16\sin72° = -0.146$$

思路：因为 3 瓦在垂直方向需上移，所以 $\Delta Y \cos\alpha$ 前取加号；在水平方向需左移，所以 $\Delta X \sin\alpha$ 前取减号；计算结果为负值，说明 3 瓦左侧垫铁内应减垫片，大小为

0.146mm。

4）3 瓦右侧垫片调整量。

$$+\Delta Y\cos\alpha + \Delta X\sin\alpha = 0.02\cos72° + 0.16\sin72° = 0.158$$

思路：因为 3 瓦在垂直方向需上移，所以 $\Delta Y\cos\alpha$ 前取加号；在水平方向需左移，所以 $\Delta X\sin\alpha$ 前取加号；计算结果为正值，说明 3 瓦右侧垫铁内应加垫片，大小为 0.158mm。

5）3 瓦下侧垫片调整量。

$$+\Delta Y = 0.02$$

思路：因为 3 瓦在垂直方向需上移，所以 ΔY 前取加号；计算结果为正值，说明 3 瓦下侧垫铁内应加垫片，大小为 0.02mm。

6）4 瓦左侧垫片调整量。

$$-\Delta Y\cos\alpha - \Delta X\sin\alpha = -1.05\cos72° - 1.23\sin72° = -1.494$$

思路：因为 4 瓦在垂直方向需下移，所以 $\Delta Y\cos\alpha$ 前取减号；在水平方向需左移，所以 $\Delta X\sin\alpha$ 前取减号；计算结果为负值，说明 4 瓦左侧垫铁内应减垫片，大小为 1.494mm。

7）4 瓦右侧垫片调整量。

$$-\Delta Y\cos\alpha + \Delta X\sin\alpha = -1.05\cos72° + 1.23\sin72° = 0.846$$

思路：因为 4 瓦在垂直方向需下移，所以 $\Delta Y\cos\alpha$ 前取减号；在水平方向需左移，所以 $\Delta X\sin\alpha$ 前取加号；计算结果为正值，说明 4 瓦右侧垫铁内应加垫片，大小为 0.846mm。

8）4 瓦下侧垫片调整量。

$$-\Delta Y = -1.05$$

思路：因为 4 瓦在垂直方向需下移，所以 ΔY 前取减号；计算结果为负值，说明 4 瓦下侧垫铁内应减垫片，大小为 1.05mm。

（3）总结。

由上述分析可以看出，这种计算中心的方法简单实用，无须太强的理解能力，也无须烦琐的方向判断，只需要根据公式往里面代入数值即可，使初学者能够掌握转子按联轴器找中心的方法成为可能。

在实际的轴系按联轴器找中心过程中，由于转子个数较多，所以中心关系也比较复杂，调整时应根据客观情况，综合分析考虑。计算各轴瓦的调整量时，应结合转子与汽缸洼窝中心、各轴颈扬度及轴瓦调整量不宜过大等多方面的因素，抓住主要矛盾，尽量使调整过程简单化、合理化。下面举例加以说明。

【例 2-2】　多个联轴器中心偏差综合找正方法——轴系找中心一次成形法。

已知条件如图 2-43 所示：联轴器 1 直径 $\phi_1 = 813$mm，联轴器 2 直径 $\phi_2 = 930$mm，$L_1 = 730$mm，$L_2 = 8170$mm，$L = 6700$mm。用百分表测量法测量中心偏差值，测量时，百分表杆分别与联轴器 1 和联轴器 2 接触，测得的中心综合图如图 2-44 所示。

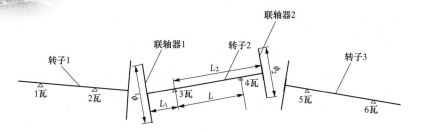

图 2-43　多个联轴器中心偏差找正

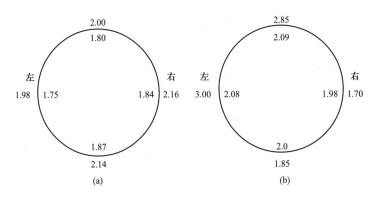

图 2-44　中心测量综合图

（a）转子 1 与转子 2 联轴器中心测量综合图；（b）转子 2 与转子 3 联轴器中心测量综合图

解

（1）各联轴器间的中心关系。

1）转子 1 与转子 2 间联轴器水平方向。

联轴器 1 圆心偏右：　　　$b_{1X}=(2.16-1.98)/2=0.09$

右张口：　　　　　　　　$a_{1X}=1.84-1.75=0.09$

2）转子 1 与转子 2 间联轴器垂直方向。

联轴器 1 圆心偏下：　　　$b_{1Y}=(2.14-2.00)/2=0.07$

下张口：　　　　　　　　$a_{1Y}=1.87-1.80=0.07$

3）转子 2 与转子 3 间联轴器水平方向。

联轴器 2 圆心偏左：　　　$b_{2X}=(3.0-1.7)/2=0.65$

左张口：　　　　　　　　$a_{2X}=2.08-1.98=0.10$

4）转子 2 与转子 3 间联轴器垂直方向。

联轴器 2 圆心偏上：　　　$b_{2Y}=(2.85-1.85)/2=0.50$

上张口：　　　　　　　　$a_{2Y}=2.09-2.0=0.09$

（2）调整量计算。

根据中心测量结果可知，联轴器 2 的圆心差值很大，为主要矛盾，应首先消除，为了减少轴瓦的调整量，根据"远调面、近调圆"的原则，垂直方向，首先应该考虑将 4 瓦下移、5 瓦上移。但是 5 瓦上移会使转子 2 与转子 3 联轴器间的张口值增大，不利于问题的最终解决，而 4 瓦下移将对各中心偏差都有所缓解，所以第一步只将 4 瓦下移。同理在水平方向应将 4 瓦右移。将联轴器 2 的圆心差值消除。

1）4 瓦水平方向右移。
$$\Delta X = (L/L_2) \cdot b_{2X} = (6700/8170) \times 0.65 = 0.53$$

2）4 瓦垂直方向下移。
$$\Delta Y = (L/L_2) \cdot b_{2Y} = (6700/8170) \times 0.50 = 0.41$$

3）联轴器 1 水平方向的中心改变量。

中心左移： $\Delta b_{1X} = (L_1/L) \cdot \Delta X = (730/6700) \times 0.53 = 0.058$

右张口减小： $\Delta a_{1X} = (\phi_1/L) \cdot \Delta X = (813/6700) \times 0.53 = 0.064$

4）联轴器 1 垂直方向的中心改变量。

中心上移： $\Delta b_{1Y} = (L_1/L) \cdot \Delta Y = (730/6700) \times 0.41 = 0.045$

下张口减小： $\Delta a_{1Y} = (\phi_1/L) \cdot \Delta Y = (813/6700) \times 0.41 = 0.05$

5）联轴器 2 张口的改变量。

水平方向左张口减小：$\Delta a_{2X} = (\phi_2/L) \cdot \Delta X = (930/6700) \times 0.53 = 0.073$

垂直方向上张口减小：$\Delta a_{2Y} = (\phi_2/L) \cdot \Delta Y = (930/6700) \times 0.41 = 0.057$

（3）调整后结果。4 瓦调整完毕后，各联轴器间的中心关系应变如下。

1）转子 1 与转子 2 间联轴器水平方向。

联轴器 1 圆心偏右：$b'_{1X} = b_{1X} - \Delta b_{1X} = 0.09 - 0.058 = 0.032$

右张口： $\Delta a'_{1X} = a_{1X} - \Delta a_{1X} = 0.09 - 0.064 = 0.026$

2）转子 1 与转子 2 间联轴器垂直方向。

联轴器 1 圆心偏下：$b'_{1Y} = b_{1Y} - \Delta b_{1Y} = 0.07 - 0.045 = 0.025$

下张口： $a'_{1Y} = a_{1Y} - \Delta a_{1Y} = 0.07 - 0.05 = 0.02$

3）转子 2 与转子 3 间联轴器水平方向。

圆心差： $b'_{2X} = 0$

左张口： $\Delta a'_{2X} = a_{2X} - \Delta a_{2X} = 0.10 - 0.073 = 0.027$

4）转子 2 与转子 3 间联轴器垂直方向。

圆心差： $b'_{2Y} = 0$

上张口： $a'_{2Y} = a_{2Y} - \Delta a_{2Y} = 0.09 - 0.057 = 0.033$

（4）总结。

综上所述，4 瓦调整后，轴系中心关系得到很大改善，圆心差及张口值都保持在很小的范围之内。下一步可保持转子 2 不动，根据新的中心关系数值，按例 2-1 所介绍的方法，调整转子 1 与转子 3，使问题得以最终解决。因为［例 2-1］中的计算方法与计算思路已经介绍得很详尽，所以这里不再赘述。

需要说明的是，轴系找中心一次成形法的调整方法不止一种，但遵循的共同原则是：先统一计算，然后共同调整。计算时要考虑周全，选择最佳方案。计算过程为先计算某一根转子的调整量，再计算这根转子前后联轴器的中心变化量，然后确定新的中心关系数值。接着计算另一根转子的调整量，依次类推，求出所有调整数值。

7. 按联轴器找中心的工艺

(1) 0°、180°找中心工艺。

对于300MW以上机组的联轴器瓢偏度、晃动度较小的情况下，可采用0°、180°找中心方法，能够大大减小工作量。先将两转子联轴器连接记号对准，把后侧（或前侧）转子盘转后定位，作为0°位置。在前侧（或后侧）转子联轴器圆周上固定专用卡具，装好百分表，表杆接触在后侧（或前侧）转子联轴器外圆上，用来测量圆周差。端面张口值用内径百分表测量两联轴器的端面距离的方法实现。然后盘动前侧（或后侧）转子，分别测量出0°、90°、180°、270°数据，求出中心偏差值。再将后侧（或前侧）转子盘转180°后不动，盘动前侧（或后侧）转子，用上述方法再次测量出0°、90°、180°、270°位置的数据，求出中心偏差值。最后求出0°、180°测量结果对应位置的代数平均值，即得转子中心最终的测量结果。

(2) 两转子四支点找中心工艺。

1) 先将联轴器记号对准，对称穿入两个临时销子。

2) 对称装好专用找中心卡具，在卡具的端面测量位置上各装一块百分表，在圆周上装一块百分表，然后用行车盘动转子数圈，防止转子与轴瓦之间、轴瓦垫铁与洼窝之间虚接触，最终使测量端面的两块百分表处于水平位置，放松行车吊钩，撬动转子，使对称的两个临时销子活动自如，不整劲，然后确定百分表的初始读数。

3) 按找中心记录方法，分别在水平方向与垂直方向测量出端面张口和圆周差值，并计算出测量结果。

4) 根据测量结果，计算出各轴承调整量进行调整。

5) 重复以上步骤，直至中心合格。

(3) 三支点的两转子找中心工艺。

上述按联轴器找中心工艺是对2个转子有4个轴瓦支撑而言的，但多缸汽轮机组常常采用2个转子3个轴瓦支撑的结构形式，3轴瓦支承跟4轴瓦支承方式相比，其轴承的受力情况有明显不同。3轴瓦支承时，联轴器中心若按圆周与张口都为零调整，轴瓦载荷将分布不均匀，转子1的部分质量通过联轴器加到转子2上，造成2瓦负荷过重而3瓦负荷减轻。所以，如何把两个转子的质量按设计要求分配到3个轴瓦上是关键。为了解决这个问题，一般采用的方法是找中心时，将高中对轮要预留一定的下张口，来合理分配各瓦的负荷。其机理如下：

首先把转子看成绝对刚体，对轮连接后，由于对轮螺栓的作用力很大，使联轴器端面靠紧，转子上抬，下张口消失，两转子中心连成一条直线，此时2瓦不受力。原理如图2-45所示。

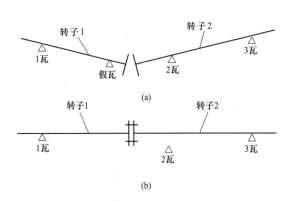

图 2-45 各轴瓦受力分析图

(a) 连接前；(b) 连接后

但转子并非绝对刚体，在考虑到转子自重垂弧的情况下，2 瓦也能受到静负荷作用力，作用力的大小由联轴器下张口的大小决定，当其下张口大到一定程度时，联轴器连接后，能使 2 瓦轴颈抬起而脱离其下瓦体。我们设 2 瓦轴颈刚好与下瓦体分离时的下张口值为 X，即此时 2 瓦下瓦所受的作用力刚好为零。如果我们把下张口值从零到 X（即由小到大）不断地改变数值，那么 2 瓦所受的作用力将由大到小不断变化。因此在零到 X 之间总会有一个合适的下张口值使 1 瓦、2 瓦、3 瓦所受的比压大致相同，这种状态就是我们常说的各瓦负荷分配合理的状态。

为此，在找中心时联轴器应留有合适的下开口，以达到各瓦负荷分配合理的状态。下面介绍一种带止口的联轴器找中心方法。

先顶起假瓦，如图 2-46 所示，装设专用卡具和百分表，用刀口尺和塞尺测量联轴器是否同心，如不同心，先调整假瓦使其相同，再测量联轴器端面张口值。然后将两转子同时旋转 90°，重新调整假瓦，使联轴器同心，继续测量张口值，依此类推，转子每次旋转 90°，每 4 次计算一次测量结果，然后进行调整，直到端面下张口达到要求为止。需要注意的是，在每次测量前联轴器止口必须脱开，否则将给测量造成误差。

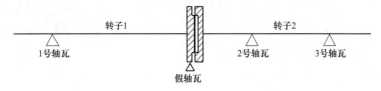

图 2-46　带止口的联轴器找中心方法

另外需要指出的是，对于两转子三轴瓦支撑结构找中心的前提是联轴器端面的自由瓢偏度一定要在允许范围之内，否则将会使有一个轴瓦支撑的转子产生很大的摆度，旋转轨迹为一锥面，即使找完中心也会使机组产生振动。原理如图 2-47 所示。

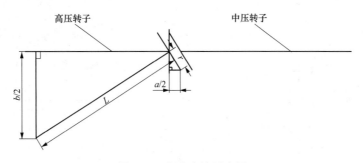

图 2-47　摆度产生示意图

假设中压转子联轴器端面瓢偏度为 a，高压转子摆度值为 b，高压转子长度为 L，联轴器半径为 r，则由相似三角形定律知：$b=(L/r)a$。

以苏联生产的 K-200-130-3 型机组为例，$L=3960\mathrm{mm}$，$r=300\mathrm{mm}$，若中压转子联轴器端面瓢偏度为 0.075mm，则摆度值应为 $b=(L/r)a=13.2\times0.075=0.99\mathrm{mm}$，可以看出这个摆度值是相当大的。当然上式计算是按转子为绝对刚体，且不受任何约束的理想情况下进行的，实际上摆度值不会这么大，但这种趋势始终存在，当联轴器瓢偏度大到一定程度时，这种危害便会显得尤为突出。所以机组在每次大修之后，对于两转子三轴瓦支撑的结构一定要测量单轴瓦支撑转子的悬轴摆度，如超过标准，则应对联轴器的端面进行研磨，保证端面瓢偏度在规定范围之内。在调整量很小且检修工期很紧的情况下，也可通过调整联轴器连接螺栓紧力的方法解决。但这种解决方法经机组长时间运行后效果会被逐渐削弱。

测量单轴瓦支撑转子悬轴摆度值的方法为：中心找正之后，连接联轴器螺栓，测量各轴颈扬度，然后将单轴瓦支撑转子下的轴瓦翻出，用一可晃动的具有轴承钨金的浮动吊瓦代替，并使各轴颈扬度与单支撑轴瓦翻出前保持一致。在与浮动吊瓦接触的轴颈处水平方向安装一块百分表，然后盘动转子，百分表所测轴颈的晃动值即为悬轴摆度值。

下面介绍两种常用的方法，一种方法是直接用行车吊钩通过钢丝绳牵引浮动吊瓦，如图 2-48 所示。这种方法操作简单，但测量的准确度不够精确。

另一种方法是用专门测量悬轴摆度的设备测量，如图 2-49 所示。专用工具主要由支撑架、滚轮、插口螺栓、调节螺母、拉紧螺杆和浮动吊瓦组成。插口螺杆与滚轮之间，拉紧螺杆与浮动吊瓦之间皆为铰链连接，滚轮可以在导轨上滚动。这样浮动吊瓦处于三个自由度状态。因此转子在浮动轴瓦上转动时受到的阻碍很小，测量的数值是真实可靠的。

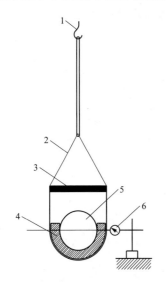 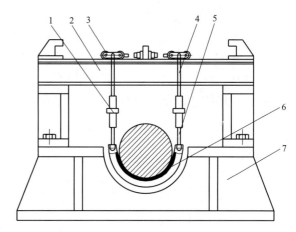

图 2-48　使用行车测量悬轴摆度示意图　　　　图 2-49　专用工具测量悬轴摆度示意图
1—行车吊钩；2—钢丝绳；　　　　　　　　　1—调节螺母；2—支撑架；3—滚轮；
3—方木；4—浮动吊瓦；　　　　　　　　　　4—叉口螺杆；5—拉紧螺杆；
5—轴；6—百分表　　　　　　　　　　　　　6—浮动吊瓦；7—轴承座

（4）励磁机空心轴找中心工艺。

有些机组的励磁机转子为空心轴（又称软轴）结构，空心轴上设有顶丝孔，空心轴内装有一根实心轴，如图 2-50 所示。

找中心时，首先根据空心轴顶丝规格选择相应顶丝，将其拧入顶丝孔，然后测量空心轴侧联轴器的晃度，根据测量结果，调整顶丝，将晃度值调整在 0.03mm 以内，并做好记

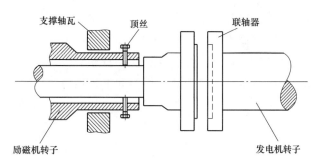

图 2-50　励磁机空心轴结构示意图

录。目的是使空心轴与里边的实心轴保持同心。

　　然后在发电机联轴器上安装专用找中心卡具，利用塞尺和量块分别测量出 0°～270° 的圆周和端面数据。圆周每测量一次，端面也应测一次。当测完 4 次后，根据公式，计算出圆周和端面最终结果，通过左、右移动励磁机底座及增减励磁机底座下垫片的方法，将发电机—励磁机联轴器中心调整至合格范围内，并在顶丝不松的情况下，连接联轴器紧固螺栓，测量、调整连接晃动度，然后拆除顶丝。

　　（5）主油泵空心轴找中心工艺。

　　有些机组主油泵为空心轴结构。如图 2-51 所示，抗振轴与空心轴之间靠 4 个连接螺栓和 4 个定位销连接。连接螺栓与定位销均布在同一个圆的圆周上，并相互间隔。找中心时，首先应测量抗振轴联轴器的晃度，应在 0.03mm 之内，保证抗振轴与空心轴的同心度。因为有销子定位，所以一般情况下抗振轴与空心轴的同心度不会有太大偏差。若偏差超标，需将泵轴吊起，放在专用的泵轴支架上。然后将 4 个定位销子拆下，调整 4 个连接螺栓的紧力，监测抗振轴联轴器的晃度，当晃度调整到合格范围之内后。在原有定位销孔

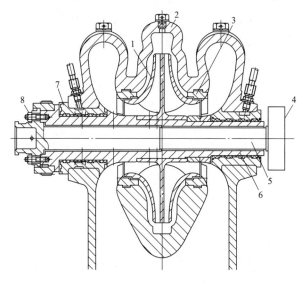

图 2-51　主油泵空心轴结构

1—叶轮；2—泵壳；3—挡油环；4—联轴器；

5—抗振轴；6—空心轴；7—支持轴承；8—连接螺栓

处重新铰孔，配制新销。新定位销与销孔之间一定要配合紧密。然后将泵轴重新吊回到主油泵内。下一步便可进行联轴器中心的测量、调整工作。在主油泵联轴器上安装专用测量工具，用百分表测量法测量中心数据。然后通过左、右移动主油泵底座及增减主油泵底座下垫片的方法，将联轴器中心调整至合格范围内。如果泵轴损坏严重或抗振轴与空心轴的同心度无法调整合格时，则应更换泵轴，新的泵轴在组装时也必须进行调整，保证抗振轴与空心轴的同心度。

（6）齿型联轴器找中心工艺。

有些机组的发电机与励磁机之间用带短轴的齿型联轴器连接，如图 2-52 所示。

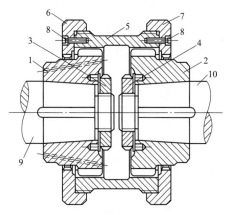

图 2-52　齿型联轴器

1、2—齿轮；3、4—螺母；5—套筒；
6、7—挡环；8—螺钉；
9—短轴；10—励磁机转子

先将短轴与发电机转子连接，然后盘动发电机转子，测量短轴发电机侧联轴器晃度，如不合格，可通过调整短轴发电机侧联轴器螺栓的松紧度或在螺栓略微带力的情况下用铜棒敲击短轴发电机侧根部的方法处理，最终结果应在 0.03mm 以内，并做好记录，以备复查。

在短轴侧齿型联轴器上装上专用找中心卡具，两侧齿轮选择对应齿顶做好标记（每次盘转时都要对准）。利用塞尺和块规分别测量出 0°～270°的圆周和端面数据。圆周每测一次，端面也应测一次（由于位置所限下方的圆周和端面可能测不到，可以通过计算得出）。根据公式，计算出圆周和端面最终结果，通过左、右移动平移励磁机底座和增减励磁机底座下垫片的方法进行调整，直到合格为止，然后套上齿套，紧固挡圈螺钉，锁好锁片。

（7）TC2F-33.5 汽轮机组发电机—励磁机按联轴器找中心工艺。

TC2F-33.5 汽轮发电机组的发电机与励磁机为 2 转子 3 个轴瓦支撑的结构，如图 2-53 所示，按联轴器找中心的方法也比较特别，作为特例加以介绍。

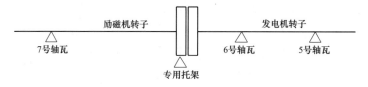

图 2-53　2 号转子 3 个轴瓦支撑的结构示意图

先测量出励磁机风扇轮与 7 号瓦轴承座油挡立面平行度，根据平行度测量数值，通过调整专用托架使励磁机转子与励磁机的底座平行，然后固定专用托架。将磁性表座吸在发电机转子后联轴器外圆周上，盘动发电机转子，测量发电机—励磁机联轴器的圆周差，如果存在，通过调整励磁机底座垫片及平移励磁机底座的方法将其消除。然后保持励磁机转子不动，作为 0°。盘动发电机转子，测量联轴器端面的张口值，然后再将励磁机转子盘转

180°。由于联轴器下专用托架会发生移动，所以重新调整专用托架使励磁机转子与励磁机底座平行。然后将励磁机联轴器与发电机联轴器的圆周差重新消除，再次测量联轴器端面的张口值。求出两次测量结果的代数平均值确定调整量，仍然通过增减励磁机底座下垫片及平移励磁机底座的方法调整联轴器的张口值，达到要求为止。

（8）按联轴器找中心工作中产生误差的原因。

按联轴器找中心增减垫片厚度的工作中常产生误差，往往达不到计算数值要求的准确效果，测量调整工作需反复进行数次才能符合质量要求，产生误差的原因可归纳为以下几个方面：

1）轴瓦、转子位置变动引起的误差。如翻瓦调整垫片后轴瓦重新装入的位置与原来位置不同；轴颈在轴瓦内和轴瓦在轴承座洼窝内接触不良或轴瓦两侧垫铁有间隙。

2）测量引起的误差。如测量时，由于盘动转子的钢丝绳未松，临时连接的销子整劲等，使转子受扭力而发生微量的位移；用百分表测量时，百分表固定不牢固或盘动转子时振动太大，使百分表位置改变；百分表测量杆接触处不平，两半联轴器稍微发生错位就产生误差；人为读表误差；在用塞尺测量时，由于工作人员经验不足，各次测量中塞尺塞入的力和深度不一致和测量位置不同引起的测量误差。

3）垫片调整引起的误差。使用垫片层数过多、垫片不平、有毛刺或宽度过大，结果使垫铁安装不到位引起误差。因此轴瓦垫铁内的垫片应使用薄钢片，垫片最薄不应小于0.05mm，垫片层数一般不应超过3层，应平整无毛刺，宽度应比垫铁小1～2mm。在调整垫片过程中，垫铁被敲打出现凹凸不平现象或位置颠倒，改变了接触情况，也会引起误差。

4）轴瓦移动量过大引起的误差，即垫铁宽度引起的误差。

（四）隔板及轴封套按转子找中心

对多缸汽轮机，各转子参照各汽缸前后轴封套洼窝，按联轴器找好中心后，在正常情况下，即汽缸没发生显著变形及位移；转子没发生永久弯曲等，隔板及轴封套与转子的中心关系基本恢复到上次大修后的状态，一般中心不会出现过大的偏差。但为了汽封径向间隙的测调有一个可靠的依据，保证汽封间隙的精度，还应该检查隔板及轴封套与转子的中心关系，必要时进行调整。

1. 检查隔板及轴封套与转子中心关系的方法

检查隔板及轴封套与转子中心关系的方法很多，下面介绍一种简单实用的方法——压铅块法。

将隔板及轴封的汽封片全部拆除，在下部放置特制的铅块，吊入转子，测出转子与轴封套及隔板内圆的下部间隙 B。若汽缸垂弧较大，又没有通过试验求出修正值，则必须扣汽缸大盖，以消除汽缸垂弧的影响。用内径百分表或塞尺（用塞块配合）测出水平方向左右两侧间隙 A 和 C，如图 2-54 所示。

在水平方向中心的偏差为左右间隙差值的一半，即：

$$\Delta X = (A - C)/2$$

在垂直方向的中心偏差为下部间隙值与左右间隙平均值之差，即：

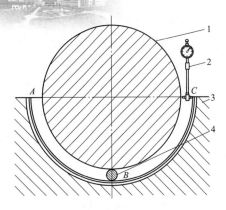

图 2-54 检查隔板轴封中心

1—转子；2—内径百分表；

3—隔板或轴封套；4—铅块

$$\Delta Y = B - (A + C)/2$$

2. 隔板及轴封套中心的调整方法

调整隔板及轴封套中心也应考虑汽缸自然垂弧在组装过程的变化，及汽轮机运行时由于各种原因引起中心发生的偏离，以保证在运行状态时隔板及轴封套与转子同心。就是说该中心的要求应与汽封径向间隙分配的原则完全相同，为测调汽封径向间隙创造先决条件。

如果隔板及轴封套与转子中心偏离较大时，应该进行调整。调整的方法取决于隔板、轴封套的支承方法。对高压汽轮机较广泛采用的悬吊式支承方法。

垂直方向的调整是加减隔板（或轴封套）两侧的支承挂耳承力面下的垫片（若无垫片，下落时可修锉挂耳的承力面）。经上述调整后，会改变上隔板两侧挂耳的上下间隙，应相应进行调整。上抬后，可能使下隔板（或下轴封套）两侧挂耳高出汽缸水平接合面，也应相应地修锉挂耳上部平面。

水平方向的调整量很大时，在隔板或轴封套上下若采用圆销时，可将原来销子换成上下偏心的圆柱形销子，如图 2-55 所示；若采用方销，一般是将销槽（或销子）一面补焊，一面修锉的方法来达到水平移动的目的。如果与调整方向相同的一侧挂耳端部间隙过分缩小，不能满足运行时热膨胀的需要时，应相应修锉该侧挂耳的端部，以保证该间隙符合质量标准要求。

水平方向的调整量很小（一般不大于 0.30mm）时，可采用调整两侧挂耳下垫片的方法实现。若中心水平偏差为 ΔX，则一侧挂耳下增加厚度 ΔX 的垫片，另一侧挂耳下减去厚度 ΔX 的垫片。隔板调整原理如图 2-56 所示。

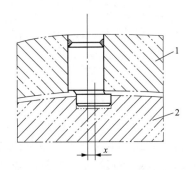

图 2-55 偏心的圆柱形销子

1—隔板套；2—隔板；x—偏心量

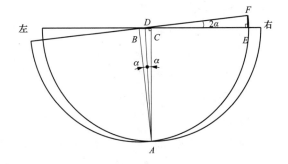

图 2-56 隔板调整原理示意图

隔板右侧增加量与左侧的减小量均为 $|EF|$，隔板中心左移量为 $|BC|$，隔板旋转角度为 2α，由图 2-56 可知 $\triangle ABC \backsim \triangle DEF$，所以有：

$$EF/BC = DF/AB = (BF - BD)/AB = (BF - AB\tan\alpha)/AB = 1 - \tan\alpha$$

因为隔板调整量很小，与隔板半径相比相差甚多，α 值很小，$\tan\alpha\approx0$。所以 $EF/BC=1-\tan\alpha\approx1$，即 $|EF|\approx|BC|$。

如图 2-57 所示，虚线隔板为原始状态，水平方向中心偏右，将右侧隔板挂耳下垫片厚度增加 ΔY，将左侧隔板挂耳下垫片厚度减少 ΔY，此时隔板中心左移 ΔX，处于实线隔板的状态。由图 2-57 可知 $\Delta X\approx\Delta Y$。

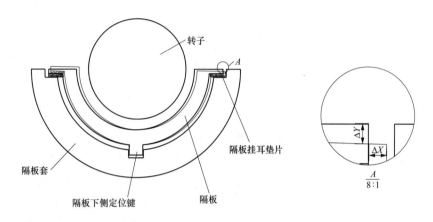

图 2-57　隔板调整变化示意图

（五）各转子的连接

汽轮机找中心的最后一个步骤就是各转子的连接，这是在找中心的过程中十分关键的一个环节。

1. 转子连接的步骤

（1）测量联轴器的自由状态下的晃度及瓢偏值，目的是检验联轴器与轴之间是否存在同心度与垂直度的偏差。

（2）预连接各转子联轴器，调整各联轴器组合状态下的晃度及瓢偏值。

（3）均匀紧固各联轴器连接螺栓，复测联轴器组合状态下的晃度及瓢偏值。

2. 转子连接过程中容易产生的问题及解决方法

（1）联轴器自由状态下的晃度或瓢偏值超标。

1）联轴器自由状态下的晃度或瓢偏值超标的危害。

当联轴器自由状态下的晃度或瓢偏值超标时，联轴器组合后容易使被连接的两转子主轴不同心，运行时将会产生振动及其他危害，如图 2-58 所示。

2）联轴器自由状态下的晃度或瓢偏值超标的治理措施。

最彻底的治理方法就是进行机械加工，将偏差消除。

如果在工期或其他原因不允许的情况下可采取临时的处理措施，方法如下。

用测量调整离联轴器最近轴颈的自由晃度方法解决联轴器自由晃度超标的问题，若受联轴器销孔与连接销子螺栓配合间隙的限制无法调整，则应先进行联轴器重新铰孔配销子螺栓，然后再测量调整。测量方法为：将被测轴颈的支承轴瓦撤掉，然后测量轴颈自由晃度，一般情况下不能超过 0.03mm，如图 2-59 所示。

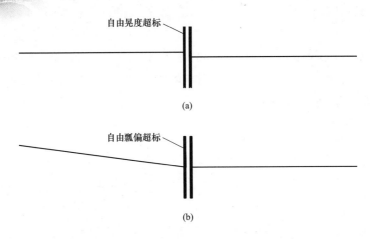

图 2-58　联轴器自由状态下的晃度与瓢偏值超标的危害

（a）自由晃度值超标的危害；（b）自由瓢偏值超标的危害

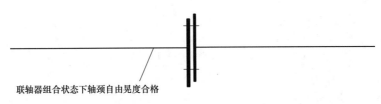

图 2-59　测量调整离联轴器最近轴颈的自由晃度解决联轴器自由晃度超标

用在联轴器间加装薄合金垫片的方法解决联轴器自由瓢偏超标的问题，如图 2-60 所示。

图 2-60　在联轴器间加装薄合金垫片解决联轴器自由瓢偏超标

以上两种方法只适合临时处理，不能长久使用。

（2）联轴器销孔与销子连接螺栓配合间隙超标。

1）联轴器销孔与销子连接螺栓配合间隙超标的危害。

联轴器销孔与销子螺栓配合间隙超标时，若联轴器组装不当，会使被连接两转子主轴轴心线不同心，如图 2-61 所示。

2）联轴器销孔与销子连接螺栓配合间隙超标的解决措施。

最彻底的解决方法是联轴器重新绞销孔配销子螺栓，具体方法见联轴器检修相关部分。

如果在工期或其他原因不允许的情况下可采取测量调整联轴器组和晃度的方法解决，具体方法见联轴器检修中晃度的调整部分。

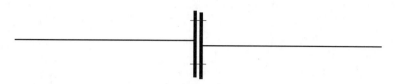

图 2-61　联轴器销孔与销子螺栓配合间隙超标时两转子主轴轴心线不同心

 思考题

1. 典型的汽轮机结构分为哪几类？
2. 汽轮机汽缸为什么要设置双层汽缸？
3. 汽轮机高中压合缸与分缸相比有哪些优点？
4. 汽轮机为什么要设置可倾瓦？
5. 汽轮机轴向推力的平衡有哪几种方法？
6. 常见的汽封形式有哪几种？各有什么特点？
7. 盘车装置的作用有哪些？
8. 汽轮机滑销有哪几种？滑销系统的作用有哪些？
9. 汽轮机找中心的作用是什么？中心不正有哪些危害？
10. 联轴器找中心有哪些注意事项？
11. 联轴器找中心的测量方法有哪几种？

第三章

调 速 系 统

第一节 润滑油、顶轴油系统

一、润滑油系统

（一）润滑油系统作用

（1）为汽轮机、发电机径向轴承提供润滑油。

（2）为汽轮机推力轴承提供润滑油。

（3）为盘车装置提供润滑油。

（4）为装在前轴承座内的机械超速脱扣装置提供控制用压力油。

（二）工作原理

润滑油系统包括主油箱、主油泵、交流润滑油泵、直流备用泵、密封油备用泵、冷油器、射油器、顶轴油系统、排烟系统和储油箱、油净化装置等。

1. 供油系统

润滑油的供油系统中装有射油器，在运行中安全可靠，其工作原理如下：润滑油系统为一个封闭的系统，润滑油储存在油箱内。离心式主油泵由汽轮机主轴直接带动，由主油泵打出的油分成两路，其中绝大部分的压力油至射油器，并将油箱内的油吸入射油器。尚有一小部分经止回阀及节流孔后向高压备用密封系统和机械超速自动停机装置及注油试验系统提供工质。从射油器出来的油分三路，一路向主油泵进口输送压力油，一路经过止回阀送到冷油器，向机组的润滑系统供油，同时有一路供给低压密封备用油。

在润滑系统中设置两台冷油器。一台运行、一台备用。在运行中可逐个切换。经冷油器冷却后的油温应为 43～49℃，以便去冷却、润滑推力瓦、支持轴承及盘车齿轮等。轴承的排油由回油母管汇集后流回主油箱。如果遇到汽轮机停机或某些意外事故，主油泵不能提供上述油流，当润滑油压下降到 0.076～0.082MPa 时，则同时启动轴承油泵及密封油备用泵，轴承油泵一方面提供低压密封备用油及主油泵入口的供油，一方面经冷油器冷却后向各轴承及盘车提供润滑冷却用油。密封油备用泵的出口油经过止回阀向高压密封备用油系统、注油系统及机械超速装置提供动力油源。

当汽轮机盘车时或启动初期，由于离心式主油泵进口侧没有吸油能力，因而必须开启轴承油泵及密封油备用泵，只有当汽轮机转速升到 2700r/min 左右时，主油泵才能供应机组全部所需的油量。当机组满速稳定后，并且集管中油压满足需要时，在控制室手动停止轴承油泵及密封油备用油泵。在停机过程中，遇到交流电源或轴承油泵故障，润滑油压降低到 0.069～0.076MPa，直流事故油泵投入，确保轴承冷却润滑油的供应，防止轴瓦烧坏，保证了汽轮机的安全，这也是润滑油系统的最后备用。

供油系统的工作原理如图 3-1 所示。

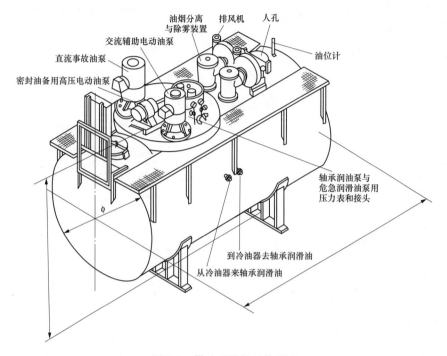

图 3-1　供油系统的工作原理

2. 油箱

润滑油箱一般安装在汽轮机房零米地面发电机组前端。油箱上装有交流润滑油泵、直流事故油泵、密封油备用泵、排烟装置、油位指示器、油位开关等。油箱内装有射油器、电加热器及连接管道、阀门等。油箱顶部开有人孔，装有垫圈和人孔盖。润滑油箱示意图如图 3-2 所示。

图 3-2　油箱

3. 冷油器

在汽轮机运行中，由于轴承摩擦而消耗了一部分功，这部分功转化为热量使通过轴承的润滑油温升高。如果油温升高，轴承有可能发生烧瓦事故。为使轴承正常运行，润滑油温必须保持在一定的范围之内，一般要求进入轴承的油温为 43～49℃，轴承的排油温升一般为 10～15℃，因而必须将轴承排油冷却后才能再送入轴承润滑。冷油器就是为了满足这一要求而设置的。温度较高的润滑油和低温冷却水在冷油器中进行热交换，并通过调节出口冷却水量来达到控制润滑油温度的目的。

冷油器示意图如图 3-3 所示。

4. 主油泵

主油泵为离心式，它装在前轴承座内。油泵叶轮装在转子接长轴上，泵的进口为双吸

图 3-3　冷油器

式，出口为梨形截面螺旋形蜗壳，在进出口侧都有放气螺塞，泵壳下半装有机械超速脱扣装置。油泵的接长轴上有供推力轴承用的推力盘，接长轴的左端与高压转子相连。接长轴靠近油泵侧，并加工有60 个齿，供测速用。

5. 射油器

射油器的作用是将小流量的高压油变成大流量的低压油。它由喷嘴、喉管入口段、吸入和扩散管组成。压力为 P_1 的高压油流经喷嘴射出来时，流速增大到 C_1，这股射流将吸入室内的油带走时，吸入室形成低压腔室，继而将油箱里的油吸入。由于射流的作用，工作油流与被吸入油流在喉管内进行动能交换。工作油流速度降低，被吸入油流速度加大，到喉管的出口两者速度趋向一致。混合油流的速度为 C_2，通过扩散管又将动能转化为压力能。这样，射油器就把小流量的高压油变成大流量的低压油。整个射油器放置在油箱内，吸入口位置要求比油箱允许最低油位还要低约500mm，以确保射油器运行时能连续供油。射油器扩散管的出口法兰和进口管法兰用螺栓固定在油箱的盖板上。

射油器示意图如图 3-4 所示。

6. 排烟风机、除雾器

排烟装置用于排走油箱内空腔部分的油烟和水汽，其由两套一样的风机及系统组成，风机为离心式风机，运行时可调整风门开度，使轴承箱内及油箱内分别形成一定的负压。

油箱顶盖上装有两台排烟风机，其目的是吸取润滑油箱内的油气，再通过风机排出，以防止油气漏入机房，并保证在前轴承座、油箱及套管内相互连通的空间形成微负压。

排烟风机示意图如图 3-5 所示。

图 3-4　射油器

图 3-5　排烟风机

风机运行时，油箱内的油气被吸上，通过除油污装置内的不锈钢衬垫，油气中的油被衬垫挡住，油在除雾器内凝聚，形成油珠，由于重力而滴入油箱，衬垫可取出清洗或更换。

除雾器示意图如图 3-6 所示。

（三）异常分析及处理

1. 汽轮机润滑油温度高

（1）异常现象：

1）LCD 画面及就地润滑油回油表指示温度
高于正常运行值。

2）各轴承温度高或报警。

3）回油温度高报警。

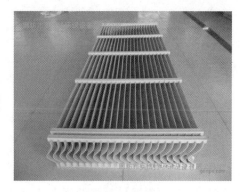

图 3-6 除雾器

（2）原因分析：

1）冷油器冷却水量少或冷却水温高。

2）冷油器内积有空气或脏污。

3）润滑油水侧油温调整门故障。

4）主油箱加热器误启动。

（3）处理方案：

1）检查开启冷油器冷却水进、出口门，增加冷却水量。

2）设法降低冷却水温。

3）检查开启冷油器水侧排空门，进行冷油器水侧排空。

4）若润滑油水侧油温调整门故障，联系检修人员处理。

5）停止主油箱加热器运行，联系检修人员检查处理。

6）若润滑油温不能下降，切换冷油器或将两个冷油器都投入运行。

2. 润滑油压下降，主油箱油位不变

（1）异常现象：

1）LCD 画面及就地显示润滑油压下降。

2）轴承温度及回油温度升高。

3）交流润滑油泵可能联启。

4）润滑油滤网差压大可能报警。

（2）原因分析：

1）主油泵工作失常。

2）油箱内、轴承室内的压力油管漏油（如供油管焊孔漏油，顶轴油管有焊孔或砂眼）。

3）交流润滑油泵出口止回阀不严。

4）事故油泵出口止回阀不严。

5）润滑油滤网堵塞。

6）润滑油冷却器脏污。

（3）处理方案：

1）当润滑油母管油压低至 0.07MPa，确认交流润滑油泵联启，应尽快查明原因。

2）系统发生漏油。若漏油不严重，油压可维持，则维持运行，停机后处理；润滑油母管油压迅速下降至 0.049MPa，汽轮机保护跳闸，否则立即手动打闸。

3）若润滑油滤网差压大报警，则切换滤网，联系检修人员清理。

4）切换润滑油冷油器，联系检修人员清理。

5）处理过程中，加强监视各轴承温度及回油温度，若达到紧停规定值，则紧急停机。

6）如果泄漏严重，转子静止后，停运油泵，不进行连续盘车。定期启动油泵，进行手动盘车，防止大轴热弯曲。

3. 润滑油压、主油箱油位同时下降

（1）异常现象：

1）LCD画面及就地显示润滑油压下降，主油箱油位下降。

2）发主油箱油位低报警。

3）交流润滑油泵可能联启。

（2）原因分析：

1）压力管路漏油。

2）冷油器检修后投运时未注油。

3）运行冷油器或滤网放油门误开。

（3）处理方案：

1）检查关严压力管道上放油门、取样门、冷油器放油门、滤网放油门。

2）若为冷油器投运时未注油，应停止投运，充分注油后再将其投入。

3）若为润滑油管道破裂，立即将漏油点隔离；若油压可能维持，且漏油无火灾危险，可继续运行，同时向主油箱补油维持油位，并通知检修人员处理。

4）若润滑油管道破裂无法隔离或漏油可能引起火灾，或经补油仍无法维持主油箱油位，应紧急停机。

5）若发生火灾，按油系统着火处理。

6）处理过程中，若润滑油压降至保护值以下，保护动作，机组跳闸。

4. 润滑油压不变，主油箱油位下降

（1）异常现象：

1）就地显示主油箱油位下降。

2）发主油箱油位低报警。

（2）原因分析：

1）主油箱放油门、取样门误开。

2）回油管道、油净化器、轴承油挡漏油。

3）密封油系统漏油。

4）发电机可能进油。

5）主机冷油器漏油。

（3）处理方案：

1）检查关闭主油箱放油门、取样门。

2）检查回油管、油净化器、轴承油挡是否漏油，隔离漏点，并做好防火措施。

3）检查密封油系统是否漏油并处理。

4）启动补油泵进行主油箱补油，维持油位正常。

5）若漏油严重，经补油无法维持油位或漏油可能引起火灾时，停机处理。

6）处理过程中，若油位降至规定紧停值时，则手动紧急停机。

7）检查发电机油水检测器观察窗有油时，打开放油门放油，如发电机大量进油，应紧急停机。

8）检查机力通风水塔水面有无油花，如有大量油花，打开主机润滑油冷却器水侧排空门进行检查，确认泄漏冷却器，将其退出运行并隔离，联系检修人员处理。

5.主油箱油位升高

（1）异常现象：

1）就地显示主油箱油位高。

2）发主油箱油位高报警。

（2）原因分析：

1）主机润滑油冷油器泄漏（水压高于油压时）。

2）油温升高。

3）油质变差或回油不畅，泡沫增多。

4）轴封母管压力高或轴封加热器真空低，使油中进水。

（3）处理方案：

1）确证为主机润滑油冷油器泄漏（水压高于油压）时，切换冷油器运行并联系检修处理。

2）降低油温。

3）若为油质变差，加强油质监督，保证油净化器正常运行，必要时进行换油，若为回油不畅，则检查排烟风机运行及主油箱负压情况，进行相应处理。

4）调整轴封压力在正常范围内，检查轴加风机运行情况。

6.油系统着火

（1）异常现象：

1）油系统区域消防警报动作。

2）油系统着火导致电气设备着火时，相关参数异常变化。

3）就地可看到火情、浓烟。

（2）原因分析：

1）油系统泄漏。

2）高温部件保温不善。

3）检修后残余火种未清理。

4）电气设备温度超限。

5）机械部分碰撞及摩擦产生火花。

（3）处理方案：

1）火势不威胁机组安全运行时，做好防止火势蔓延的措施，进行火灾扑救，同时加强运行监视，做好停机准备，并通知消防人员。

2）若火势威胁机组安全运行时，破坏真空紧急停机，在停机过程中密切监视轴承润滑油压及顶轴油压。

3）主油箱或油系统着火无法扑灭时，紧急停机，同时进行事故排油，但必须考虑在转子转速到零前，润滑油不得中断。

4）停机后若无法投入连续盘车，则应进行手动盘车。

7. 油质不合格

（1）异常现象：

1）化学化验油质不合格。

2）回油窗泡沫多。

（2）原因分析：

1）油系统清理不善。

2）轴封供汽压力过高。

3）冷油器泄漏（水压高于油压）。

4）补油油质不合格。

（3）处理方案：

1）加强油净化或换油。

2）调节轴封母管压力在正常范围内。

3）切换冷油器运行并加强油净化。

4）从净油箱向主油箱补合格的油。

二、顶轴油系统

顶轴油装置是汽轮机组的一个重要装置，它在汽轮发电机组盘车、启动、停机过程中起顶起转子的作用。汽轮发电机组的椭圆轴承均设有高压顶轴油囊，顶起装置所提供的高压油在转子和轴承油囊之间形成静压油膜，强行将转子顶起，避免汽轮机低转速过程中轴颈与轴瓦之间的干摩擦，减少盘车力矩，对转子和轴承的保护起着重要作用，在汽轮发电机组停机转速下降过程中，防止低速碾瓦，运行时顶轴油囊的压力代表该点轴承的油膜压力，是监视轴系高程、轴承载荷分配的重要手段之一。

顶轴装置的吸油来自冷油器后，压力为 0.2MPa，吸油经过一台 45μm 自动反冲洗滤油器进行粗滤，然后再经过 25μm 的双筒过滤器进入顶轴油泵的吸油口，经油泵工作后，油泵出口的油压力为 16MPa，压力油进入分流器，经节流阀、单向阀，最后进入各轴承。通过调整节流阀可控制进入各轴承的油量及油压，使轴颈的顶起高度在合理的范围内（理论计算，轴颈顶起油压为 12～16MPa，顶起高度大于 0.02mm）。泵出口油压由溢流阀调定。

（一）系统设备介绍

顶轴装置主要由电动机、高压油泵、自动反冲洗过滤器、双筒过滤器、压力开关、单向阀和节流阀等部件及不锈钢管、附件组成，装置采用集装式结构，便于现场安装和维护。

1. 顶轴油泵

顶轴油系统采用两台顶轴油泵，一运一备，型式为变量柱塞泵。

柱塞泵通过柱塞在缸体往复运动完成吸油排油升压的过程。变量柱塞泵是在转速不变的情况下，通过改变斜盘与传动轴的夹角使柱塞的轴向移动距离发生变化，从而改变排量，同时电动机负载也会随着斜盘的斜度而改变，达到省电的目的。

变量柱塞泵的工作原理如图 3-7 所示：2 为缸体回转轴心，3 为液压泵斜盘。斜盘操纵臂 4 和变量柱塞 8 在复位弹簧 5 的作用下停留在原位，这时斜盘倾角 γ 最大，液压泵全排量供油。当系统压力略高于顺序阀 1 的设定压力时，打开顺序阀 1，同时使换向阀 7 换向，系统压力油进入柱塞缸 6，变量柱塞 8 克服复位弹簧 5 的作用力，改变斜盘倾角 γ，液压泵实现变量供油。如果系统压力再度增高，变量柱塞缸 6 内的压力也再增高，使 γ 角接近 0°（有一部分泄漏，γ 角不能为 0°），液压泵即保持一定压力，但不对系统供油，这就是液压泵在压力状态下的卸载（因为 $N = p \times Q$，当 $Q \to 0$ 时，$N \to 0$）。在系统压力降低后，变量柱塞 8 立即恢复原始状态。图中换向阀 7 主要是为系统大量用油时，提高变量柱塞 8 复位的响应速度而设计的。这种控制为恒压变量控制，其特性如图 3-8 所示。

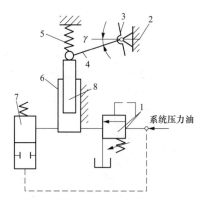

图 3-7　控制方式结构简图

1—顺序阀；2—缸体回转轴心；3—液压泵斜盘；

4—斜盘操纵臂；5—复位弹簧；6—变量柱塞缸；

7—换向阀；8—变量柱塞

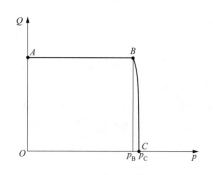

图 3-8　恒压变量控制特性图

图 3-8 中 A-B 为全排量供油段，B-C 为变量段，C 为压力状态下卸载点，又称待用压力。变量段的压力范围（$p_B \sim p_C$）很小，适用于多个执行器能同时工作，压力在使用压力的 90% 以内都需要全排量供油的系统。

变量泵与标准定量泵的主要区别是输出功率不同，变量泵的输出功率是随负载的变化而变化，而定量泵的输出功率相对恒定，在小流量动作情况下，变量泵的输出功率很低，而定量泵的输出功率基本恒定。

2. 自动反冲洗过滤装置

自动反冲洗过滤装置由缸体和过滤元件两部分组成，如图 3-9 所示。过滤元件由集成旁通阀、滤网、网架、排污机构等部分组成，垂直置于缸体内。该装置采用一种新型的反冲洗机构，利用润滑油系统自身的液压能驱动排污机构，连续自动地冲洗掉积存在滤网上的污物，保持滤芯通流面积恒定。另有工作过程不影响系统内部的压力、流量和温度，过滤精度高，滤油量大、压损低，无须专人操作，维护量少等优点，且具有集成旁通阀安全系统，不会因为装置本身故障造成供油不足。

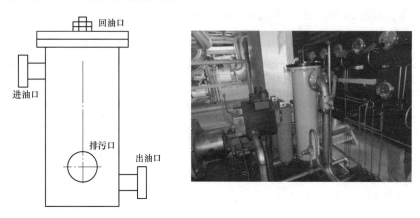

图 3-9　ZCL-1B 自动反冲洗过滤装置图

装置结构：排污机构由液压马达和排污泵组成，油流驱动液压马达连续运转，带动排污泵的两个叶片 A、B 反向冲洗滤网。套筒用于保护滤网，同时确保油流向下流动，使冲洗掉的污物沉积到缸体底部。滤芯顶盖上均布 6 个安全阀，组成集成旁通阀，当过滤元件出现故障、压力损失达到集成旁通阀开启压差时，集成旁通阀打开补充供油量，保证系统供油。网架用于支撑滤网，同时与排污泵叶片 A、B 构成楔形空间，将网架周向等分为若干个冲洗扇面。底架用于支承排污机构，同时控制其运转方向。

自动反冲洗的工作原理如图 3-10 所示，全部油流从滤网外部向内部径向通过，过滤后的油从缸体下部的出油口输出，同时少量油（约占额定流量 3%）驱动液压马达后从缸体顶部回油口回到主油箱，构成排污机构工作回路，驱动液压马达连续运转。随着油液的连续通过，杂质沉积在滤网表面，液压马达驱动排污泵的两个叶片 A、B 交替运转，形成高压脉冲油流，由网内向外反向冲洗滤网表面沉积物，污物随油流向下沉积到缸体底部积污室内，定期排放（一般在检修期间排放）。

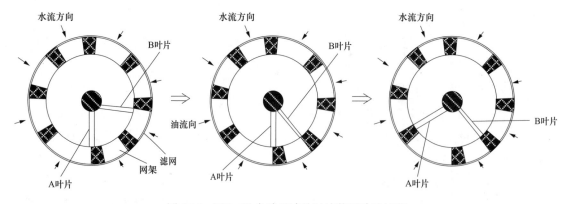

图 3-10　ZCL-1B 自动反冲洗过滤装置冲洗过程

冲洗过程是以顺时针方向逐个扇面周期性进行，整个圆周面冲洗一次需 7.5～10s。包括三个阶段：叶片 A 静止，叶片 B 朝叶片 A 迅速合拢，形成反向冲洗脉冲，如图 3-10（a）所示；冲洗脉冲达到峰值，一个扇面冲洗完毕，如图 3-10（b）所示；叶片 B 静止，叶片 A 缓慢地转过一个角度，叶片 A 与网架形成楔形空间再次充满油，如图 3-10（c）所示，然后重复图 3-10（a）的过程，进行下一冲洗循环。

装置启动：确认润滑油系统已经启动，先全开回油阀，略开进油阀进行注油排空，当缸体充满油，过滤元件即进入正常工作（监听有"卡嗒、卡嗒"声）。打开出油阀，全开进油阀。

排污机构工作频率的调整：调整回油阀，保证出油压力和回油压差在排污机构正常工作压力为 0.08～0.20MPa（最好为 0.12～0.18MPa），监听排污频率在 50～100 次/min（最好为 60～70 次/min）。

定期排污：大修后一周需要进行一次排污，以后每个月进行一次排污，经过这次排污后系统内油质基本干净，故只需半年后再作排污。实际使用中当进油压力和出油压力之差≥0.035MPa 时应进行排污。排污时应将装置退出运行，卸下排污口堵板，清除积污室内的污物，不必将过滤元件取出。

3. 过滤器

常见过滤器的示意图如图 3-11 所示。该过滤器为双联过滤器，一边在用，一边备用，可实现不停机更换滤芯。更换步骤如下：

（1）切换油路：打开平衡阀，将切换手柄换到另一边，打开放气螺塞放气，放完气后关闭，然后关闭平衡阀。

（2）更换滤芯：打开需要更换滤芯放气螺塞和放油螺塞放油，待油液排空后，打开上盖，更换滤芯，然后装好上盖，拧紧放气螺塞和放油螺塞。

图 3-11　过滤器

（3）更换周期：未报警状态下，建议滤芯更换周期为 2～3 个月。

4. 节流阀和单向阀

节流阀用来调整顶轴油压，从而调整各轴承的顶起高度，防止各轴承间的相互影响，如图 3-12 所示。单向阀是为使机组运行时防止轴承中油压卸掉，如图 3-13 所示。

图 3-12　节流阀

图 3-13　单向阀

5. 压力继电器

压力继电器的工作原理：压力继电器是利用液体的压力来启闭电气触点的液压电气转换元件。当系统压力达到压力继电器的调定值时，发出电信号，使电气元件（如电磁铁、电动机、时间继电器、电磁离合器等）动作，使油路卸压、换向，执行元件实现顺序动作，或关闭电动机使系统停止工作，起安全保护作用等。

应用场合：用于安全保护、控制执行元件的顺序动作、用于泵的启闭、用于泵的卸荷。

注意：压力继电器必须放在压力有明显变化的地方才能输出电信号。若将压力继电器放在回油路上，由于回油路直接接回油箱，压力也没有变化，所以压力继电器也不会工作。

6. 旁通阀

优点是无须外动力，靠系统本身压力工作，有效地提高了运行安全系数，比传统电动压差控制阀更为安全可靠，解决了电动压差控制阀对电的信赖和电路出现问题造成机组损伤的概率，并且旁通阀便于安装，节省费用。

用途：旁通阀应用于冷（热）源机组的保护。安装于滤网之间旁通管上，当用户侧部分运行或变量运行时，系统流量变小，导致压差增大，压差超出设定值时，阀门自动打开，部分流量从此经过，以保证机组流量不小于限制值。

（二）系统启停

1. 顶轴油系统的启动

（1）顶轴油泵启动前应检查润滑油压、油温正常；顶轴油泵入口滤网进出口门开启。各顶轴油泵出口门开启。

（2）按规定进行油系统各连锁试验合格。

（3）启动顶轴油泵，检查电流正常、检查顶轴油母管压力正常（14.0MPa），各轴承顶轴油压正常。

（4）将备用顶轴油泵投自动。

（5）在初次启动和检修后，初次投入顶轴油系统时应联系维修人员测量调整各轴顶起高度，并记录各瓦顶轴油压。

（6）检查就地各轴承声音正常。

2. 顶轴油系统的维护

（1）在机组正常运行时，顶轴油系统应处于良好备用状态。

（2）当机组启动投入盘车前，应先将顶轴油泵投入运行，转速高于2000r/min时，顶轴油泵应自动停止，否则手动停止，查明原因。同样，当汽轮机打闸停机后，转速低于2000r/min时，顶轴油泵应自启，否则应手动启动，并查明原因。

（3）机组启停过程中，两台顶轴油泵一台运行，一台备用，但两台油过滤器可同时投入工作。

（4）检查顶轴装置运行时无任何报警信号。

（5）当任一轴承顶轴油压低于9.8MPa时，不得启动盘车。

（6）检查油温及油泵外壳温度，如发现异常情况及时切换为备用泵，并联系检修人员处理。

（7）检查滤油器滤网的阻塞情况，定期清洗。

（8）检查顶轴油泵泄油口的情况，确认畅通，如泄油量发生异常变化，以及发生振动噪声或压力波动等情况应立即检查处理。

3. 顶轴油泵及盘车装置的停运

（1）高、中压缸金属最高温度＜150℃时，可停止盘车装置运行。

（2）按盘车"停止"按钮，检查盘车电流到零，"零转速光字牌"亮。

（3）停止顶轴油泵运行。

（4）启机过程中，当主机转速上升至超过盘车转速时，啮合手柄应自动脱开，盘车电动机自停，否则打闸停机。

（5）主机升速至2000r/min时，顶轴油泵应自动停运，否则手动停运。

4. 顶轴油系统运行注意事项

（1）确认顶轴油泵运行情况良好，无摩擦、异音、无异常振动。

（2）确认顶轴油母管油压及各轴瓦顶轴油压正常，不正常不得投入盘车。

（3）检查顶轴油系统无泄漏，若有泄漏及时联系处理。

（4）确认顶轴油泵入口压力正常，系统各管路无振动。

（5）顶轴油泵启动前，必须确认顶轴油泵出口门开启。

（6）汽轮机启、停过程中当转速≤2000r/min时或在盘车启动前及盘车运行中，必须投入顶轴油系统运行，并确保顶轴油压正常。

（7）当汽轮机转速升至＞1200r/min时，顶轴油泵自动停止运行，否则手动停止运行。

（8）当汽轮机转速降至1200r/min时，A顶轴油泵优先自动启动运行，若5s内A泵未启动，则B泵自动启动。若自动均未启动时应立即手动启动一台泵运行。

（9）正常运行时一台顶轴油泵运行，另一台泵备用。当运行泵因电气故障停止工作时，备用泵将自动启动运行；当运行泵出口油压≤7MPa时，备用泵将自动启动运行，联启的备用泵运行正常后，手动停止原运行泵。

（10）顶轴油泵投"手动"时，只有待启动的油泵进口油压≥0.03MPa且另一台泵没有运行，才可以启动运行。

（11）运行中当泵出口滤油器差压≥（0.35±0.05）MPa时，应停泵隔离放油后进行清洗。

（三）顶轴油系统的连锁、报警、保护试验

（1）润滑油母管压力低至0.029MPa时，闭锁盘车装置及顶轴油泵启动。

（2）当汽轮机转速低于2000r/min时，联启顶轴油泵，转速到零时联启盘车。

（3）当汽轮机转速高于1200r/min时，联停顶轴油泵。

（4）当顶轴油泵入口压力低于0.1MPa时，发"顶轴油泵入口压力低"报警。

（5）当顶轴油泵出口压力低于7MPa时，联停顶轴油泵，并联启备用泵。

（6）当任一轴承顶轴油压低于 3.43MPa 时，联启备用顶轴油泵。

第二节　调节、保安控制系统

一、供油系统

调节保安系统的供油系统为其各执行机构提供符合要求的高压工作油（11～14MPa）。

由交流电动机驱动高压柱塞泵，通过滤网将油箱中的抗燃油吸入，从油泵出口的油经过压力滤油口流入高压蓄能器和该蓄能器连接的高压油母管，将高压抗燃油送到各执行机构和高压遮断系统。

（一）供油装置组成及主要部件简介

1. 油泵

两台 EH 油泵均为压力补偿式变量柱塞泵。当系统流量增加时，系统油压将下降，如果油压下降至压力补偿器设定值时，压力补偿器会调整柱塞的行程将系统压力和流量提高。同理，当系统用油量减少时，压力补偿器减小柱塞行程，使泵的排量减少。

本系统采用双泵工作系统。当一台泵工作时，则另一台泵备用，以提高供油系统的可靠性，二台泵布置在油箱的下方，以保证入口压力为正值。

2. 蓄能器组件

蓄能器组件安装在过滤器组件（集成块）上方，中间有一个 $\phi 45$ 的孔相通，蓄能器组件含有 10L 高压蓄能器，DN25 截止阀，DN6.4 截止阀，25MPa 压力表各一个，各自组成两个独立的系统。关闭 DN25 截止阀可以将相应的蓄能器与母管隔开，因此蓄能器可以在线修理。DN6.4 截止阀用以泄放蓄能器中的剩油，压力表指示系统的工作压力。

3. 冷油器

二个冷油器装在油箱上。设有一个独立的自循环冷却系统（主要由循环泵和电磁水阀组成），电磁水阀可根据油箱油温设定值，调整电磁水阀开关。以确保在正常工况下工作时，油箱油温能控制在正常的工作温度范围之内。

4. 再生泵组

再生泵组用以给油再生装置供油，油再生装置由硅藻土滤器和精密滤器（即波纹纤维滤器）组成，每个滤器上装有一个压力表和压差指示器。压力表指示装置的工作压力，当压差指示器动作时，表示滤器需要更换了。硅藻土滤器以及波纹纤维滤器均为可调换式滤芯，关闭相应的阀门，打开滤油器盖即可调换滤芯。油再生装置是保证液压系统油质合格的必不可少的部分，当油液的清洁度、含水量和酸值不符合要求时，启用抗燃油再生装置，可改善油质。

5. 油箱

用不锈钢板焊接而成，密封结构，设有人孔板供今后维修清洁油箱时用。油箱上部装有空气滤清器和干燥器，使供油装置工作时对空气有足够的过滤精度，以保证系统的清洁度。油箱中还插有磁棒，用以吸附油箱中游离的铁磁性微粒。

6. 过滤器组件

过滤器组件（集成块）上安装有安全阀用的溢流阀、直角单向阀、高压过滤器及检测高压过滤器流动情况的压差发讯器各两套，各成独立回路．系统的高压油由组件下端引出，共分三路，各由高压球阀控制启闭，按需取用。

7. 回油过滤器

本装置的回油过滤器，内装有精密过滤器，为避免当过滤器堵塞时过滤器被油压压扁，回油过滤器中装有过载单向阀，当回油过滤器进出口间压差大于 0.5MPa 时，单向阀动作，将过滤器短路。本装置有两个回油过滤器，一个串联在有压回油路，过滤系统回油；另一个回油过滤器在循环回路，在需要时启动系统，过滤油箱中的油液。

8. 油加热器

油加热器由两只管式加热器组成，当油温低于设定值时，启动加热器给油液加热，此时，循环泵同时（自动）启动，以保证油液受热均匀。温度控制器通过电气上的连接，使当油液被加热至设定值时，自动切断加热回路，以避免由于人为的因素而使油温过高。

9. 循环泵组

本装置设有自成体系的油滤和冷油系统，循环泵组系统，在油温过高或油清洁度不高时，可启动该系统对油液进行冷却和过滤。

10. 必备的监视仪表

本装置还配有泵出口压力表、系统压力测口、回油压力测口、压力开关、液位开关、温度传感器等必备的监视仪表，这些仪表与集控室仪表盘、计算机控制系统、安全系统等连接起来，可对供油装置及液压系统的运行进行监视和控制。

二、调节保安系统

（一）概述

调节保安系统是高压抗燃油数字电液控制系统（DEH）的执行机构，它接受 DEH 发出的指令，完成挂闸、驱动阀门及遮断机组等任务。

（二）调节保安系统结构

1. 汽轮机调速系统

汽轮机调速系统是由测速元件（或测功元件）、放大元件、执行元件及调节对象（汽轮机转子）四部分组成的带负反馈的自动调节系统。在纯冷凝工况时，不论是单机运行还是并网运行，它都能根据转速（或功率）自动调整汽门开度以适应外界负荷的变化，液压调节保安系统。

该系统是通过测速元件（或测功元件）获得电气信号，通过 DEH 与给定信号作比较，若两信号不一样，DEH 对其进行计算、校验等综合处理，并将其差值信号经功率放大后，送到调节阀油动机电液伺服阀，通过电液伺服阀控制油缸下腔的进、排油量，从而控制阀门的开度，同时与油动机活塞相连的 LVDT（线性可变差动变压器）将其指令和 LVDT 反馈信号综合处理后使调节阀油动机电液伺服阀回到平衡位置，使阀门停留在指定的位置上。

2. 油动机的作用

油动机是调节保安系统的执行机构，受 DEH 控制完成阀门的开启和关闭。

（1）油动机的组成和工作原理。

汽轮机组一般设有 4 个高压调节阀油动机、2 个高压主汽阀油动机（左右侧各 1 个）、2 个中压主汽阀油动机、2 个中压调节阀油动机（供热机组还有一个蝶阀油动机、两个快关调节阀油动机）。所有油动机均为单侧进油，以保证在失去动力源的情况下油动机能够关闭。油动机由油缸、位移传感器和一个控制块相连而成。在控制块上，高压调节阀油动机、右侧高压主汽阀油动机和中压调节阀油动机装有伺服阀、隔离阀、切断阀、卸载阀、遮断电磁阀和单向阀及测压接头等，而左侧高压主汽阀油动机、中压主汽阀油动机则装有遮断电磁阀、隔离阀、切断阀、卸载阀、试验电磁阀和单向阀及测压接头等，蝶阀及快关调节阀油动机主要由油缸、集成块、伺服阀、电磁阀、卸载阀、位移传感器和一些附件组成。下面就各油动机予以分别说明。

（2）高压调节阀油动机、中压调节阀油动机、右侧高压主汽阀油动机。

高压调节阀油动机、右侧高压主汽阀油动机和中压调节阀油动机的工作原理基本相同，当遮断电磁阀失电时，遮断电磁阀排油口关闭，卸载阀上腔建立起高压安全油压，卸载阀关闭。油动机工作准备就绪。

1）伺服阀接受 DEH 来的信号控制油缸活塞下的油量。当需要开大阀门时，伺服阀将压力油引入活塞下部，则油压力克服弹簧力和蒸汽力作用使阀门开大，LVDT 将其行程信号反馈至 DEH。当需要关小阀门时，伺服阀将活塞下部接通排油，在弹簧力及蒸汽力的作用下，阀门关小，LVDT 将其行程信号反馈至 DEH。当阀位开大或关小到需要的位置时，DEH 将其指令和 LVDT 反馈信号综合计算后使伺服阀输入信号为零，阀门停留在指定位置上。伺服阀具有机械零位偏置，当伺服阀失去控制电源时，能保证油动机关闭。

2）油动机备有卸载阀供遮断状况时，快速关闭油动机用。当安全油压泄掉时，卸载阀打开，将油动机活塞下腔室接通油动机活塞上腔室及排油管，在弹簧力及蒸汽力的作用下快速关闭油动机，同时伺服阀将与活塞下腔室相连的排油口也打开接通排油，作为油动机快关的辅助手段。

3）油动机备有切断阀供甩负荷或遮断状况时，快速切断油动机进油，避免系统油压因油动机快关的瞬态耗油而下降。

（3）左侧高压主汽阀油动机、中压主汽阀油动机。

左侧高压主汽阀油动机、中压主汽阀油动机都采用二位开关控制方式控制阀门的开关。由限位开关指示阀门的全开、全关及试验位置。其工作原理基本相同，现以左侧高压主汽阀油动机为例加以说明。

遮断电磁阀失电，安全油压建立，卸载阀关闭，油动机准备工作就绪。油动机在压力油作用下使阀门打开。当安全油失压时，卸载阀在活塞下油压作用下打开，油动机活塞下腔室与回油相通，阀门操纵座在弹簧紧力的作用下迅速关闭主汽阀。当阀门进行活动试验时，试验电磁阀带电，将油动机活塞下的油压经节流调整阀与回油相通，阀门活动试验速度由节流孔来控制，当单个阀门需作快关试验时，只需使遮断电磁阀带电，油动机和阀门在操纵座弹簧紧力作用下迅速关闭。切断阀、卸载阀的功能与调节阀油动机相同。

（4）蝶阀油动机、快关调节阀油动机（供热机组安装）。

机组挂闸后，高压安全油建立，卸载阀关闭，油动机工作准备就绪，当需要开大蝶阀时，伺服阀将压力油引入活塞下部，则压力油克服弹力和蝶阀阻力使蝶阀开大，角位移传感器将其行程信号反馈给 DEH；当需要关小蝶阀时，伺服阀将活塞下部接通排油，弹簧力克服蝶阀阻力使蝶阀关小，位移传感器将其行程信号反馈给 DEH。当蝶阀开大或关小到需要的位置时，DEH 将其指令与角位移传感器反馈信号比较，综合计算后使伺服阀输入信号为零，蝶阀停留在指定位置上。在遮断情况下，卸载阀打开，油动机活塞下通过卸载阀接通排油，弹簧力克服蝶阀阻力使蝶阀快速关闭，油动机快关时间设计为小于 0.5s。（快关调节阀油动机的控制原理与蝶阀油动机相同。）

3. 高压蓄能器

调节保安控制系统设有 2 组高压蓄能器，均为丁基橡胶皮囊式蓄能器，预充氮压力为 10.0MPa。高压蓄能器通过集成块与系统相连，集成块包括隔离阀、排放阀及压力表等，压力表指示的是油压而不是气压。它用来补充系统瞬间增加的耗油及减小系统油压脉动。

4. 低压蓄能器（个别机组安装）

调节保安控制系统设有 4 组低压蓄能器，每个低压蓄能器由 2 个丁基橡胶皮囊式蓄能器组成，要求安装在尽可能靠近中压调节阀油动机、高压主汽阀油动机的地方。在遮断状况发生时，低压蓄能器用来吸收瞬间增加的排油，防止排油背压过高。集成块上的压力表仅仅指示油压。充氮压力为 0.2MPa。

5. 遮断、超速、压力开关组件

遮断、超速、压力开关组件由高压遮断模块、超速限制集成块、高压压力开关组件集成而成。

（1）高压遮断模块主要由 4 个电磁阀、2 个压力开关、4 个卸荷阀、2 个节流孔及 1 个集成块组成。正常情况下，4 个电磁阀全部带电，这将建立起高压安全油压，条件是遮断隔离阀组的机械遮断阀已关闭；各油动机卸荷阀处于关闭状态。当需要遮断汽轮机时，4 个电磁阀全部失电，泄掉高压安全油，快关各阀门。

（2）超速限制集成块（个别机组安装）。

超速限制集成块主要由 2 个电磁阀、2 个卸荷阀及 1 个集成块组成。正常情况下，2 个电磁阀全部失电，这将建立起超速限制油压，条件是高压安全油已建立。使各调节阀油动机卸荷阀处于关闭状态。当甩负荷、103%保护时，2 只电磁阀全部带电，泄掉超速限制油压，快关各调节阀门。

（3）高压压力开关组件。

高压压力开关组件由 3 个压力开关及一些附件组成。监视高压保安油压，其作用：当机组挂闸时，压力开关组件发出高压保安油建立与否的信号给 DEH，作为 DEH 判断挂闸是否成功的一个条件。

6. EH 油泵

EH 油系统均布置 2 台压力补偿式 EHC 变量柱塞泵。当系统流量增加时，系统油压将下降，如果油压下降至压力补偿器设定值时，压力补偿器会调整柱塞的行程将系统压力和流量提高。同理，当系统用油量减少时，压力补偿器减小柱塞行程，使泵的排量减少。

EH油系统采用双泵工作系统。当一台泵工作时，则另一台泵备用，以提高供油系统的可靠性，2台泵布置在油箱的下方，以保证吸入口压力为正值。

第三节 高压主汽门、调节汽门及中压联合汽门

一、汽轮机主汽门的结构与检修工序及要点提示

汽轮机主汽门主要分为两种形式：其中一种为可调节型主汽门，其主要作用为机组启动过程中对调节阀汽室进行预暖，汽室中的温度测点检测到汽室温度低于150℃时，DEH发出主汽门开启10%信号进行预暖工作，当温度达到180℃时预暖工作结束；另一种为开关型式的主汽门，其主要作用为机组启动及正常运行期间向汽轮机供汽。两种主汽门的主要区别为油动机控制进油的分别为伺服阀和供油电磁阀。其余部分则完全相同。

二、主汽门的检修工序

主汽门检修的技术关键点为：

(1) 主阀芯、阀座及预启阀与阀座接触连续无断点且接触线均匀。

(2) 卸荷阀与顶部两密封面接触均匀且连续。

(3) 阀杆与阀套间隙为 0.51～0.57mm。

(4) 阀杆与预启阀座热膨胀间隙为 1.6mm±0.63mm。

(5) 主阀杆总行程为 161mm±3mm。

(6) 预启阀行程为 24.7mm±0.13mm。

(7) 油动机连杆与主阀杆空行程为 12.7mm±0.25mm。

(8) 油动机行程为 173.7mm。

三、汽轮机中压联合汽门的检修工序及要点提示

(一) 技术关键点

(1) 主阀芯、阀座及预启阀与阀座接触连续无断点且接触线均匀。

(2) 卸荷阀与顶部两密封面接触均匀且连续。

(3) 中压调门阀杆与阀套间隙为 0.36～0.41mm。

(4) 中压主汽门阀杆与阀套间隙为 0.45～0.50m。

(5) 中压主汽门阀杆与预启阀座热膨胀间隙为 1.5mm±0.1mm。

(6) 中压主汽门阀杆总行程为 220.1mm±3mm。

(7) 中压调门阀杆总行程为 208.4mm±1.5mm。

(8) 中压主汽门预启阀行程为 15.4mm±0.10mm。

(9) 中压调门预启阀行程为 30.6mm±0.10mm。

（10）中压主汽门油动机连杆与主阀杆空行程为 3mm。

（二）安装位置及功能

在供汽轮机再热蒸汽的两根热段再热蒸汽管上分别设置两个中压联合汽阀。

联合汽阀由两个阀组成，中压调节阀和中压主汽阀合并在一个阀壳内，虽然它们利用一个共同的阀壳，但这两个阀并所提供的功能是不同的，各自有独立的操作控制装置。

中压调节阀的基本功能是调节中压进汽量，可是它也具有驱使危急遮断系统遮断的功能。中压主汽阀只提供危急遮断功能。

蒸汽从锅炉再热段通过入口进入阀壳，再经过滤网、开启的中压调节阀和中压主汽阀，通过直接与汽轮机相连的短管进入汽轮机。与阀壳相连的入口直接与再热管焊接，阀的出口与汽缸下半部的一个弯管焊接。在安装中压阀支架前，此弯管允许支撑起全部阀的重力。联合汽阀安装布置近可能靠近汽轮机，因此在危急条件下（如把中压联合汽阀与汽缸之间的蒸汽容积限制在最小）减小了不被控制的中间再热容积引起的汽轮机超速可能性。

1. 中压主汽阀

中压主汽阀布置在中压调节阀碟内。特别注意两个阀碟是串联的，用一个共同的底座，主汽阀相对于蒸汽在调节阀后。

（1）中压主汽阀的操作。

1）带有预启阀的调节阀连带着汽轮机控制阀被操作，在正常运行期间维持全开。预启阀的作用是在汽轮机启动时降低大阀碟的提升力。

2）主汽阀的作用是在甩负荷条件下，关断从锅炉再热段贮存有大量能量的蒸汽，以便防止汽轮机超速。主汽阀能够在最大的再热压力下重新开始，以控制汽轮机的转速在甩负荷后维持在额定转速。

3）在超速条件下，关闭调节阀中断再热蒸汽流入汽轮机，在汽轮要减速期间，主汽阀将仍靠 EHG 上的速度控制器先于控制阀的重新开启前自动维护一个开度。

4）中压主汽阀的遮断关闭可以是危急遮断器滑阀的动作或其他停机信号。结果调节阀被遮断关闭，它们能在以下任一条件下再次开启：

a. 危急遮断器滑阀复位。

b. 依靠 EHG 中的负荷限制功能在开启控制阀同时连带着重新定位调节阀的开度。

（2）中压主汽阀结构。

调节阀座和调节阀碟有硬的密封面并靠它保证密封接触。一个渗氮的套筒和止动环被压入主汽阀碟（主阀碟）并在止动环上旋入一个螺钉保证将其固定在阀碟上。为了防止阀碟与阀杆发生旋转，在阀杆上打入一个销并卡入止动环上的槽内。

预启阀位于主阀碟内部，其密封面为硬度非常高的圆锥面。高温螺栓将阀座固定在阀壳上，其间装有金属缠绕垫片以保证密封。阀杆密封套携带一个嵌入的硬质合金套筒。这个嵌块有一个密封面与阀杆上的一个凸肩接触并作为机械限位。在阀全开位置时，阀杆移动到全开位置，这个密封面将阻止高压蒸汽的泄漏。在阀杆处于关闭和开启的中间行程时，蒸汽不能密封。高压蒸汽将沿着阀杆漏出，衬套将封住部分蒸汽，多余的阀杆漏汽进汽封自密封系统。

2. 中压调节阀

中压调节阀的操作如下。

中压调节阀在机组启动过程中逐渐开启。正常运行时维持全开。危急遮断器动作或操作停机电磁阀将遮断关闭中压调节阀。当然，在停机过程或锅炉某些运行、电气停机时中压调节阀也应关闭。

中压调节阀阀盖采用螺栓连接在阀壳上，装有金属缠绕垫片以保证密封，阀盖为阀杆提供导向并支撑整个杠杆系。

在阀盖的下部有两个凸台，其中一个大直径凸台与相同直径的阀壳内径配合，另一个小直径凸台用于定位套筒凸台，套筒用高温螺栓与阀盖相连。蒸汽滤网靠一个销定位并安装在套筒的上部。

十字头轴向加工的两平面通过一个销接头与操纵杠杆连接，该销的连接头由一个淬硬的套筒插入穿过十字头而组成，一个销子插入套筒上的销孔中。

设计的杠杆系补偿器的目的，是避免油缸操作力传递到阀体上的油缸安装座或顶部的螺栓。另外这个设计使热膨胀的影响减至最小，否则当阀加热时油缸活塞在阀开或关位置的相对位置发生改变。因而在全部温度精密的限制条件范围内阀的位置控制和行程开关维护在适当的安装位置。

当中压主汽阀碟处于全闭位置时，特别装配这些杠杆时应遵循装配图上的要求，调整活塞杆保证活塞总行程为223.1mm。拉紧杆必须适当调整以分担相等份额的负载。

当中压主汽阀遮断关闭时特别注意按照装配图安全锁紧各部件的调整装置，以至于这些杆受到反作用力。

所有的杠杆销都经过硬化处理并在轴承套内旋转，活塞杆和紧杆提供的是球面定位轴承，球面轴承需要润滑，装配杠杆上套筒轴承不需要润滑。

阀杆靠两个衬套导向。密封环提供一个面在阀全开位置与阀杆凸肩面密封以阻止在阀杆和衬套间隙外的蒸汽泄漏。在正常运行期间，中压调节阀全开，在阀杆上的密封面将减少蒸汽泄漏，其余的阀杆漏汽进入锅炉排污箱。

中压调节阀碟与阀盖之间形成一个平衡腔室，中压主汽阀阀碟有环形槽，阀碟的四周适当的环形槽限制蒸汽流入平衡腔室。阀碟上开有一个调整的孔，用来通过平衡腔室的漏汽。

3. 蒸汽滤网

蒸汽滤网连续的供汽，孔板滤网采用焊接固定，一个临时的细丝网屏和外层厚丝网屏首先直接放在孔板滤网上，同时将两个网屏一起焊接在滤网上。通过网屏部分位置嵌入铆钉将三层网屏固定在滤网筒上。

在汽轮机试运行期间，临时细丝网屏的目的是阻止小颗粒物如焊渣、尘粒、沙粒随蒸汽携带进入汽轮机。在中压蒸汽进入中压缸前安装临时性细网屏和外层保护屏，运行时间少于8个月不允许拆下滤网。这段时间50%负荷以上运行不应超过8周，但是为了保证机组效益，达到在满负荷附近运行至少24h。在这最短的全负荷运行期间，可以有效快速地清洗管道系统。当达到上述建议使用滤网的运行后，汽轮机必须停机，拆除细丝网屏、外层保护屏。

蒸汽穿过细丝网屏约有 2% 的压降，这个压降对阀是正常的。如果外部金属杂质堆积将使这外压降增加。如果测出压降达到 10% 或更多时，汽轮机将被立即停机并清洗网屏或替换已严重损坏的网屏。如果压降增加到 4%，必须在作阀门严密性试验前减小压降直到压降降到 ≤4%，这因为当阀关闭后压降将增大 4 倍，可能损坏滤网，或可能使阀门不能再重新开启。

在阀壳内壁与蒸汽入口相反的位置有一个垂直的肋板，该肋板隔开滤网外层与阀壳之间的环形空间。这可使蒸汽涡流减到最少，涡流不利于二蒸汽流动且增大了压损。该肋板也挡住固体颗粒如尘粒、金属碎片、沙粒和焊渣随蒸汽带进阀体。所有这些杂质因为太大不能通过蒸汽滤网而被滞留在滤网外侧挡板处。这些杂质随后沉积在上阀座的底部。汽轮机初次运行后，拆开阀取出细滤网屏随后进行锅炉再热汽侧的彻底检查和检修及涉及相应的蒸汽管道工作时，阀的这部分也进行检查并彻底清除聚积杂物。

4. 执行器

执行器包括一个弹簧组件和一个电液油缸。电液油缸包括油缸、运行活塞、盘式卸载阀、阀盖和与其相关的各种控制阀。

中压调节阀弹簧组件与中压主汽阀的设计相似，仅仅在阀杆和阀体连接方式上不同。中压调节阀执行器直接与阀杆连接。中压主汽阀执行器通过连接头与阀杆系相连。弹簧组件的功能，除容纳关闭阀的弹簧外，液压缸活塞盖提供关闭导向。导向设计包括上下各安置一个嵌入式设计的导向套，这个导向套是一个将金属压入盘中特殊的轴套式轴承。这个导向套被电镀目的是增强表面变硬和耐磨性、抗腐蚀性。一个柔韧的密封圈被压入滤网衬套的上部，阻止尘埃从装配导向套进入。

第四节　发电机密封油系统

一、密封油系统概述

发电机密封瓦（环）所需用的油，人们习惯上按其用途称之为密封油。密封油系统专用于向发电机密封瓦供油，且使油压高于发电机内氢压（气压）一定数量值，以防止发电机内氢气沿转轴与密封瓦之间的间隙向外泄漏，同时也防止油压过高而导致发电机内大量进油。密封油系统是根据密封瓦的形式而决定的，最常见的有双流环式密封油系统和单流环式密封油系统。

二、主要技术参数

（1）密封油油质：同汽轮机润滑油。

（2）密封瓦进油温度：25～50℃。

（3）密封瓦出油温度：≤70℃。

（4）密封瓦油压大于机内氢压：0.056MPa±0.02MPa。

三、系统工作（运行）原理

密封油系统主要包括：正常运行回路、事故运行回路、紧急密封油回路（即第三密封油源）、真空装置、压力调节装置及开关表盘等。这些回路和装置可以完成密封油系统的自动调节、信号输出和报警功能。

（一）正常运行回路

轴承润滑油管路→真空油箱→主密封油泵（或备用密封油泵）→压差阀→滤油器→发电机密封瓦→机内侧（以下称氢侧）→扩大槽→浮子油箱→空气抽出槽→空侧排油（发电机轴承润滑油排油混合，下同）→轴承润滑油排油→汽轮机主油箱。

（二）事故运行回路

轴承润滑油管路→事故密封油泵（直流泵）→压差阀→滤油器→发电机密封瓦→氢侧排油→扩大槽→浮子油箱→空气抽出槽→轴承润滑油排油→汽轮机主油箱→

↑————————— 空侧排油 ←————————————

四、密封油系统主要设备

（一）扩大槽

发电机氢气侧（以密封瓦为界）汽端（简称 T）、励端（简称 G）各有一根排油管与扩大槽相连，来自密封环的排油在此槽内扩容，以使含有氢气的回油能分离出氢气。

扩大槽里面有一个横向隔板，把油槽分成两个隔间，之间可通过外侧的 U 形管连接，目的是防止因发电机两端之间的风机压差而导致气体在密封油排泄管中进行循环。扩大槽内部有一管路和油水探测报警器（LSH-202）相连接，当扩大槽内油位升高超过预定值时发出报警信号。

（二）浮子油箱

氢侧回油经扩大槽后进入浮子油箱，该油箱的作用是使油中的氢气进一步分离。

浮子油箱内部装有自动控制油位的浮球阀，以使该油箱中的油位保持在一定的范围之内。浮子油箱外部装有手动旁路阀及液位视察窗，以便必要时人工操作控制油位。

（三）空气抽出槽

发电机空侧密封油和轴承润滑油混合后排至空气抽出槽内，油中的气体分离后经过管路排往厂外大气，润滑油经过管路流回汽轮机主油箱。

（四）密封油控制装置

密封油控制装置中的主要设备有两台主交流油泵、一台事故油泵、真空装置、一只压差阀、二只滤油器、仪表箱和就地仪表及管路阀门等。

1. 真空装置

真空装置主要是指真空油箱、真空泵和再循环泵。它们是单流环式密封油系统中的油净化设备。

（1）真空油箱。

正常工作（此处指交流主密封油泵投入运行为正常工作）情况下，轴承润滑油不断地补充到真空油箱之中，润滑油中含有的空气和水分在真空油箱中被分离出来，通过真空泵和真空管路被排至厂房外，从而使进入密封瓦的油得以净化，防止空气和水分对发电机内的氢气造成污染。真空油箱的油位由箱内装配的浮球阀进行自动控制，浮球阀的浮球随油位高低而升降，从而调节浮球阀的开度，这样使得补油速度得以控制，真空油箱中的油位也随之受到控制。真空油箱的主要附件还有液位信号器，当油位高或低时，液位信号器将发出报警信号。当油位变化时，液位信号器将输出模拟信号。

（2）真空泵不间断地工作，保持真空油箱中的真空度。同时，将空气和水分（水蒸气）抽出并排放掉。为了加速空气和水分从油中释放，真空油箱内部设置有多个喷头，补充进入真空油箱的油通过补油管端的喷头，再循环油通过再循环管端的喷头而被扩散，加速汽、水从油中分离。

（3）再循环泵工作，通过管路使真空油箱中的油形成一个局部循环回路，从而使油得到更好的净化。

2. 油泵

两台主油泵，一台工作，另一台备用。它们均由交流电动机带动，故又称交流油泵。

一台事故油泵，当主油泵故障时，该泵投入运行。它由直流电动机带动，故又称直流油泵。

3. 差压调节阀

该调节阀用于自动调整密封瓦进油压力，使该压力自动跟踪发电机内气体压力且使油—气压差稳定在所需的范围之内。

4. 滤油器

二台滤油器设置在压差调节阀的进口管路上，用以滤除密封油中的固态杂质。该型式的滤油器为滤芯式滤油器。

滤油器组装在密封油控制站上，产品出制造厂时，滤芯已被从滤油器上取出，装滤芯一般应在电厂进行油系统管路安装并经过油循环冲洗后，再装入滤芯。

5. 仪表箱

（1）密封油控制装置中每台油泵出口装有 1 块就地压力表，用于指示每台油泵的出口压力。下列表计则集中装在仪表箱中。

（2）压力表和真空表各 1 块用于指示管路上密封油压力和真空油箱中的真空（压力）。

（3）压力开关 2 只：1 只用于真空油箱中真空度降低时发出报警信号（报警信号均为开关量接点，下同）；另 1 只用于密封油压力低信号发送报警信号，供备用主密封油泵和事故密封油泵的启停控制用。

（4）差压表 1 块，用于指示密封油压与发电机内气体压力之差值（简称油-气压差）。

（5）差压开关 1 块，用于油-气压差超限时发出报警信号。

五、设备布置和安装注意事项

（1）密封油控制装置应布置在发电机零米层，密封油扩大槽应尽量靠近发电机底部安装，空气抽出槽的安装高程应高于润滑油回油管，扩大槽附设的液位信号器可设置在零米层。浮子油箱安装高程：一是必须低于扩大槽，以便扩大槽中的油能自然流进浮子油箱；二是要尽可能接近空气抽出槽，以便浮子油箱中排出的油能顺利流回空气抽出槽内；三是必须考虑检修操作方便。

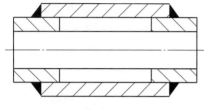

图 3-14　管道外部加装套管

（2）安装中的管道除系统图上规定的要求外，一般应平直，避免直角弯，水平走向的回油管坡降不得小于 1/50。为了保证管子内部的清洁，DN15 以下的管路应使用 1Cr18Ni9Ti 材质，且管子对接时外部加装套管，如图 3-14 所示，采用直接对焊，以避免管路堵塞。

（3）系统设备从制造完毕到投入运行一般要经历相当长的时间，因此工地安装时必须作下列检查和维护：

1）油泵在油循环前必须进行一次常规检查，维护内容按泵厂说明书进行。

2）密封油箱是在运到工地后再就位对接，因此在对接前内部应进行再清理。

3）全部仪表应进行常规校验。

（4）真空泵排气管路的安装。

1）排气管路应确保洁净，无杂质。

2）真空泵的排气管路应是独立的管线，不得和其他排气管共用。

3）伸出厂房外的排气管出口端应有遮蔽罩，以防雨水进入，并把由于风而产生的回压效应减少到最低限度。

4）排气管的位置应能避免排放出来的气体与火星偶然接触，且应避开高压线路，当然排气口附近也不得有吸气管口。

5）排气管线与泵对接时，应有支撑，以使没有外力加到泵的分离器箱上。

（5）由于运输高度的限制，单流环式密封油系统的真空油箱必须从集装装置中拆下另行包装运输，电厂安装时再回装。回装时应特别注意油泵的吸油管路中的各个法兰接合面，必须接合严密，防止产生漏点。因为在真空状态下，空气漏入吸油管路，会随着油流进入泵体内，至使油泵输出压力或流量达不到要求。

（6）单流环式密封油系统中的真空油箱的油位必须控制在真空油箱水平中心线及以上 60mm 范围之内。油位偏低，油泵容易"气蚀"，从而输出压力和流量将下降，甚至没有流量输出。真空油箱中的油位取决于油箱内浮球阀的浮球的机械装配高度。真空油箱和浮子油箱内装设的浮球阀的浮球和连杆，正常安装时呈悬臂梁状态，其本身具有一定的质量，为了防止运输中损坏阀内部件，必须拆出另行包装运输，电厂安装时再回装。制造厂拆除时在浮球阀的连杆上一般会作出复位标记，回装时按标记复位即可。

（7）密封油集装和定子冷却水集装中的过滤器，其滤芯均是精密滤芯，制造厂也是单独包装发运，必须待系统冲洗或油循环合格后才允许回装。

六、密封油系统的调试与整定

1. 压力开关（PCL-201）的整定值

当泵口油压低到 0.68MPa 时，压力开关（PCL-201）应动作。接通备用泵控制回路，延时 3～5s 使备用油泵启动。当备用油泵仍不能维持正常工作的密封压力，延时 5～8s 接通直流泵控制回路，使直流泵启动。油泵启停控制须符合制造厂提供的控制逻辑图。

2. 真空油箱的真空度低限整定值

正常运行时真空油箱内的真空度维持在－90～－96kPa 甚至更高，当真空降低至－88kPa 时，真空开关（PSH-202）动作，发出真空压力低报警信。

3. 真空油箱液位信号器报警位置整定值

以真空油箱油位人孔盖水平中心线为基准，往上 65～75mm，往下 35～45mm，发出高、低液位信号。

4. 压差调节阀的低限值整定

油—气压差值 0.056MPa 为基准值，当差压值降至 0.036MPa 时为下限报警信号值。

七、运行中注意事项

（1）只要发电机轴系转动或机内有需要密封的气体，密封油系统均需向密封瓦供油。

发电机轴系转动时：密封油压高于机内氢压 0.05～0.07MPa 最为适宜。

发电机轴系静止时：密封油压高于机内氢压 0.036～0.076MPa 均可。

（2）两台主油泵，一台事故油泵，均是磁力式离心油泵。

1）磁力式离心油泵不允许两台油泵同时运行时间超过 60s，因为两台油泵同时运行，其中有 1 台的输出流量很小，其泵内存油会迅速升温，当泵内油温高于 100℃时，泵体内的永磁钢会退磁，从而至使该油泵不能正常工作，必须更换永磁钢，才可能恢复。

因此，电气控制回路的设计、安装调试、电厂运行操作等各个环节，均需避免磁力式油泵与其他泵并联运行时间超过 60s。

2）磁力式离心油泵最大输出流量不能超过油泵铭牌输出流量的 15%，特别是安装调试阶段在压差调节阀退出运行或者尚未投入运行的时间（主要是油循环冲洗管路期间），应采取措施防止油泵大流量输出。因为大流量输出时，油泵机组的外磁钢（与电动机连轴硬性连接）的转速与电动机转速相同，而内磁钢（与油泵轴系硬性连接）的转速取决于输出流量，大流量输出时，泵轴转速与电动机的转速会出现不同步，从而导致内外磁钢的 N极和 S极错位对应，导致退磁，油泵丧失工作能力。

3）为限制流量，制造厂将在密封油集装装置中的压差调节阀旁路门，及主密封油泵出口闸阀处装设节流孔板或阀门限开挡杆，电厂安装或检修时，不允许拆除。

（3）油—气压差值需要改变时，应重新调整压差调节阀的压缩弹簧。

（4）压差调节阀故障需要检修时，应将其主管路上前后两只截止阀以及引压管上的截止阀关闭，改由旁路门（临时性）供油。旁路门的开度应根据油—气压计的指示值而定，以油—气压差符合要求为准。

（5）事故密封油泵（直流泵）投入运行时，由于密封油不经过真空油箱而不能净化处理，油中所含的空气和潮气可能随氢侧回油扩散到发电机内导致氢气纯度下降，此时应加强对氢气纯度的监视。当氢气纯度明显下降时，每 8h 应操作扩大槽上部的排气阀进行排污，然后让高纯度氢气通过氢气母管补进发电机内。

（6）事故密封油泵投入运行，且估计 12h 之内主油泵不能恢复至正常工作状态，则真空油箱补油管路上的阀门以及真空泵进口阀门应关闭，停运再循环泵及真空泵，然后操作真空破坏阀门破坏真空，真空油箱退出运行。

（7）除主密封油泵故障需要投入事故密封油泵之外，真空油箱中的浮球阀故障需要检修，也应改用事故密封油泵供油，真空油箱退出运行。

（8）事故密封油泵故障，且主密封油泵或真空油箱真空泵不能恢复运行，则发电机内氢压下降至 0.05MPa 以下（此时发电机负荷按要求递减）改用第三供油回路供油，扩大槽上部的排氢管也应连续排放且向发电机内补充高纯度氢气以维持机内氢气纯度。

（9）如果扩大槽油位过高而导致其溢油管路上装设的液位信号器报警，则应立即将浮子油箱退出运行，改用旁路排油，此时应根据旁路上的液位指示器操作旁路上阀门的开度，以油位保持在液位信号器的中间位置为准，且须密切监视。因为油位逐步增高，可能导致氢侧排油满溢流进发电机内；油位过低则有可能使管路"油封段"遭到破坏，而导致氢气大量外泄，漏进空气抽出槽，此时发电机内氢压可能急剧下降。因此也必须对浮子油箱中的浮球阀进行紧急处理，以使尽快恢复浮子油箱至运行状态。

（10）发电机内气压偏低（低于 0.05MPa）浮子油箱必然排油不畅，甚至出现满油是正常的，只要扩大槽用的油水探测报警器内不出现油，则说明氢侧回油依靠扩大槽与空气抽出槽两者之间的高差已自然流至主回油装置（空气抽出槽）。尽管如此，气压偏低时仍然必须对油水探测报警器加强监视，一旦出现报警信号或发现有油，应立即进行人为排放，以免油满溢至发电机内。机内气压升高，浮子油箱排油才会通畅。

（11）密封油系统中的计量（测量）仪表有油泵出口压力表、主供油管路上的压力开关及压力表、真空油箱液位信号器、真空表及真空压力开关、差压表及差压开关等。

其中密封油与机内氢气差压指示表计比实际差压要略高些，因为机内氢压取自扩大槽底部，而密封油压取自密封油管口，两根管子高程差引起的液柱差将反映到压差表计，因此压差表计显示值应是实际油—氢压差与液柱压差之和。

（12）真空油箱故障及其处理对策。

1）真空油箱真空低。引起原因：一是管路和阀门密封不严；二是真空泵抽气能力下降。前者需找出漏点，然后消除；后者则需按真空泵使用说明书找原因，并且消除缺陷。

2）真空油箱油位高。引起原因：主要是真空油箱中的浮球阀动作失灵所致，说明浮球阀需要检修，假如一时不能将真空油箱退出运行，则作为应急处理办法，可以将浮球阀进油管路的阀门 S-58 开度关小，人为控制补油速度。

3）真空油箱油位低。引起原因：一是浮球阀动作失灵；二是浮球阀出口端（真空油箱体内）的喷嘴被脏物堵住。这两种情况必须将真空油箱退出运行，停运真空泵、再循环泵、主密封油泵（改用事故密封油泵供油）破坏真空后，排掉积油然后打开真空油箱的人孔盖进行检修。另外，因密封瓦间隙非正常增加也可能引起真空油箱油位始终处于低下的状况，此时可对密封瓦的总油量进行测量，测量结果与原始记录相对照即可判断密封瓦间隙是否非正常增大。如果得到确认，则须换用新密封瓦才能解决问题。

（13）油—气压差低及其处理办法：

1）压差调节阀跟踪性能不好，可能引起油—氢压差低，此时重新调试压差调节阀，并结合以下两项处理结果判断压差调节阀是否要处理或换新。

2）油过滤器堵塞也可能引起油—氢压差低，此时应对油过滤器进行清理。

3）重新校验压差表计。

八、定期重点检验项目

（1）交流备用油泵和事故密封油泵（直流泵）每星期应自动启动一次，以确保其处于良好的备用状况，发现问题应提请检修人员及时处理。

（2）油过滤器上设有压差（阻力）开关，当其油过滤器阻力大于或等于 0.11MPa±0.02MPa时，压差（阻力）开关发出报警信号运行人员应及时开通备用滤油器，并应更换旧滤芯，以便作为下一次备用使用。

（3）浮子油箱是巡回监视的重点之一，至少每三个月要做一次人为地使油面上升以确认浮球阀是否能可靠地运行，同时应检查扩大槽溢流管路上的油位高报警装置是否能可靠地动作并发出信号。

（4）密封油压、真空油箱和浮子油箱的油位指示；真空泵油室中的油位及油中含水量，还有油—气压差值应属于经常性监视项目。

（5）排污门紧初投运时，每个月应试排一次，以排除油污、水分，以后每两个月至少试排污一次。

（6）真空油泵新旧更换，以及系统中各种油泵的润滑油更换，按泵的使用说明书要求进行。真空泵油中含水每周必须排放一次，油少了还须添油。

（7）真空油箱油位信号器至少每三个月应人为地让其发送信号以检验报警回路动作的可靠性。

（8）密封油量至少每三个月测定一次。

九、密封油量测定方法

1. 氢侧油量测定

系统正常运行，先关闭浮子油箱的出口阀门 S-65，测出油位从浮子油箱中心线上升5cm高度所需时间，然后计算，即得两个密封瓦的氢侧油量。油位上升 5cm 高度相当于15.2L，假定所需时间为33s，则总油量为：

$$\frac{15.2 \times 60}{33} = 27.63(\text{L/min})$$

测定后多余的油可以打开手动阀排放掉，使浮子油箱保持正常油位。

2. 空侧油量的测定

主密封油泵运行，关闭真空油箱补油管路上的阀门 GT-005 观察并测定真空油箱油位从其中心线下降5cm所需时间，然后计算可知两只密封瓦所需总油量，再减去氢侧油量即可知空侧油量。从油箱中心线下降5cm，则相当于140L，假设时间为49s，则有：

$$\frac{140 \times 60}{49} \times 100\% = 171.43(\text{L/min})$$

空侧油量为：

$$171.43\text{L/min} - 27.63\text{L/min} = 143.8\text{L/min}$$

测量完毕后务必打开补油管路上的阀门，监视真空油箱油位直至恢复正常。

 思考题

1. 润滑油系统的作用有哪些？
2. 润滑油系统主要包括哪些设备？
3. 顶轴油系统的作用有哪些？
4. 顶轴油系统主要包括哪些设备？
5. 什么是汽轮机的调节保安系统，由哪些元件组成？
6. 汽轮机的主汽门有哪几种形式？
7. 密封油系统有什么作用？
8. 密封油系统的工作原理是什么？
9. 密封油系统的定期重点检验项目有哪些？

第四章

凝 结 水 系 统

凝结水系统的主要功能是将凝汽器热井中的凝结水由凝结水泵送出，经除盐装置、轴封冷凝器、低压加热器输送至除氧器，其间还对凝结水进行加热、除氧、化学处理和除杂质。此外，凝结水系统还向各有关用户提供水源，如有关设备的密封水、减温器的减温水、各有关系统的补给水以及汽轮机低压缸喷水等。

凝结水系统主要包括凝汽器、胶球清洗系统、凝结水泵、轴封冷凝器、低压加热器以及连接上述各设备所需要的管道、阀门等。

第一节 凝 汽 器

一、概述

凝汽器的主要功能是在汽轮机的排汽部分建立低背压，使蒸汽能最大限度地做功，然后冷却下时变成凝结水，并予以回收。凝汽器的这种功能由真空抽气系统和循环冷却水系统给予配合和保证。真空抽气系统的正常工作，将漏入凝汽器的气体不断抽出；循环冷却水系统的正常工作，确保了进入凝汽器的蒸汽能够及时地凝结变成凝结水，体积大大缩小（在 0.0049MPa 的条件下，单位质量的蒸汽与水的体积比约为 2800），既能将水回收，又保证了排汽部分的高真空。

二、结构及原理

凝汽器主要由壳体、管板、管束、中间管板等部件组成。管板将凝汽器壳体分割为蒸汽凝结区和循环冷却水进出口水室；中间管板用于管束的支持和定位。凝汽器下部还设有收集凝结水的空间，称为热井。凝结水汇集到热井之后，由凝结水泵输送到回热加热系统。

凝汽器蒸汽凝结区的布置方式和循环冷却水的流程布置方式，对凝汽器的结构、性能有很大的影响。目前大功率汽轮机组的凝汽器管束采用被称为"教堂窗式"的布置方式。使用经验证明，这种布置方式的换热效果良好，汽流在管束中的稳定性也较好。图 4-1 所示是这种管束布置方式的示意图。

由图 4-1 可以看出，在凝汽器的蒸汽进口处，管道形成的蒸汽通道较大，流速较低，因而汽阻较小。随着蒸汽不断从横向进入管束，汽道逐渐变窄，蒸汽量因沿途凝结而减少，但在其逐渐变窄的通道中仍能保持流速基本不变，这样可以防止蒸汽滞止区域的存在，有利于后排管子的换热效果。此外，这种汽道的布置方式使得蒸汽横穿管子的排数较少从而减小汽液两相流动的压力降。

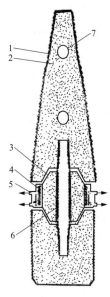

图 4-1　"教堂窗式"
凝汽器管束布置方式

1，2—钛管；3—挡板；

4—空气冷却区；5—抽气口；

6—预冷区；7—拉杆

由于管束布置得合理，凝结水下落时不断冲击下排管束的外表面，使管子外表面的层流层不断受到破坏，始终不能增厚，从而改善传热效果。

在凝汽器中，有一部分蒸汽直接从管束底部向上进入管束，这部分蒸汽不断地对自上而下流引的凝结水产生较剧烈的扰动，加热凝结水。这样，一方面可使凝结水脱氧，另一方面还可以减小凝结水的过冷度。

"教堂窗式"管束的中间空气冷却区，依靠真空泵的抽吸作用使此区域形成较低的压力，管束中所有不要结的气体在压差的作用下，都流到此区域，并不断被抽出。在空气冷却区之前的管束内布置有特殊的预冷区，此预冷区内汽流维持较高的雷诺数，传热效果好，能用以补偿蒸汽凝结后期区域，由于不凝结气体增加，造成对传热效果的不利影响。

循环冷却水则有单流程和双流程两种布置方式。单流程结构的进水室和出水室分别位于凝汽器管束的两端；双流程结构的进水室和出水室位于管束的同一端（将其称为前端），而另一端（将其称为后端）为回水室，即循环冷却水在回水室内由第一流程流出之后转入第二流程，循环冷却水两次通过凝汽器内的管束。

600MW 汽轮机组采用的凝汽器内压力可分为单背压和双背压两种。对于 600MW 级汽轮机组，均有 2 个低压缸。当凝汽器进出口循环冷却水的温差大于 10℃时，采用双背压可以节省循环水量，而两个凝汽器仍然能够获得较高的平均真空。如图 4-2 所示，由于两个凝汽器具有不同的背压，可将凝汽器由通常的并联运行方式改为串联运行方式。

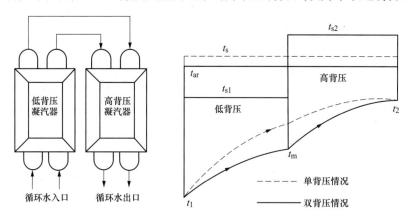

图 4-2　凝汽器循环水温示意图

由图 4-2 中可以看出，当采用单背压凝汽器并联运行方式时，循环水温由 t_1 升至 t_2，凝汽器内凝结水的温度为 t_s，当采用双背压的凝汽器并改为串联运行方式时，在同样水量、同样出入口水温的情况下，两个凝汽器内凝结水的温度分别为 t_{s1} 和 t_{s2}，显然串联运行的凝汽器内凝结水温度 $t_{ar} = (t_{s1} + t_{s2})/2$，$t_{ar} < t_s$，故双背压可以提高凝汽器平均真空，从而降低了汽轮机组的冷端损失，一般热耗可降低 0.2%～0.3%。

目前我国大功率汽轮机组采用的凝汽器均为双背压凝汽器，循环水的流程则有单流程也有双流程的布置方式。

不同的循环冷却水水质将对凝汽器部件提出不同的材料性能要求。对于采用淡水作为循环冷却水水源时，凝汽器的管束采用不锈钢材料；对于采用海水作为循环冷却水水源时，其管板和管子的材料要求具有良好的耐腐蚀性能。目前我国采用钛管板和钛管，且管板与管子采用胀管后焊接的组装工艺，各沿海电厂的运行实践证明，其效果良好。

三、检修及技术要点

凝汽器分汽侧和水侧两部分，在不锈钢管外部空间属于汽侧部分，水室和不锈钢管内属于水侧部分。凝汽器长时间运行后会出现下列问题：

（1）不锈钢管管内外壁结垢，影响换热效果。

（2）不锈钢管受汽水冲刷腐蚀，管壁变薄，以至破裂。

凝汽器汽侧处于负压状态，任何漏泄点都会影响凝汽器的真空度和凝结水水质。因而凝汽器的检修内容大致包括：

（1）清洗不锈钢管内外壁结垢。

（2）管系进行高位上水找漏，对漏点进行处理。

（3）水位计检修。

（4）水室放气门检修。

（5）热井放水门检修。

（6）5～8 段抽汽管道及波纹补偿节检查更换。

（7）真空系统检漏，消除漏泄点。

第二节 胶 球 清 洗 系 统

一、概述

胶球清洗装置的作用是用离心泵将一定数量的胶球送至凝汽器水侧，当胶球通过冷却水管时，可以擦去冷却水管内壁的软垢，并防止继续结硬垢，同时保持冷却水管内壁清洁，从而使机组运行的经济性得到提高。

二、结构及原理

胶球清洗装置主要由二次滤网、装球室、胶球泵、收球器（网）、阀门、管道及自动控制部分组成。

胶球系统装置示意图如图 4-3 所示。

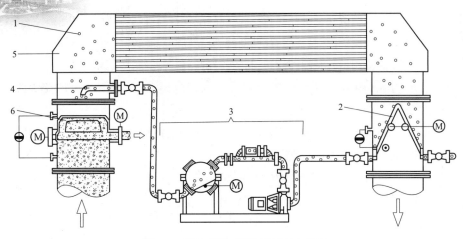

图 4-3 凝汽器胶球清洗装置示意图

1—清洗球；2—收球网；3—循环单元（包括胶球泵）；4—注球管；5—凝汽器；6—二次滤网

1. 二次滤网

二次滤网是冷却水的净化装置，对减少水阻、节约能源起关键作用，是保证胶球清洗装置正常投运、提高胶球回收率不可缺少的部件。

滤网在运行中起到过滤垃圾的作用。当滤网表面积垢，杂物堵塞网眼后，滤网两侧压差增加；若压差增加到一定值时，就必须及时打开排污阀，使滤网的网内压力大于网外压力，在水流反向冲洗和激烈的涡流作用下，杂物被排出系统。排污完毕后关闭排污阀，滤网又进入正常的工作状态。滤网在整个排污过程中由一套控制装置根据滤网的两侧压差自动进行。

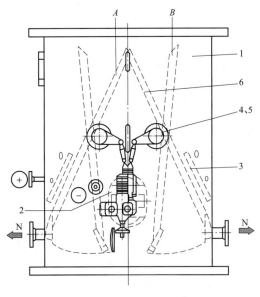

图 4-4 收球器结构

1—壳体；2—观察孔；3—导流板；

4、5—轴承；6—收球网；N—出球口

2. 收球装置

收球装置安装在凝汽器冷却水出水管中，其功能是将胶球从冷却水中分离，并完成收球器自动反洗。收球装置主要由收球网、导流板及驱动机构等组成，如图 4-4 所示。椭圆形收球网将胶球引至出球管管口。收球网由垂直格栅构成，且要倾斜一定的角度。收球网的倾斜角度应根据冷却水管中水量及导流板的状况而定。导流板在运行中可产生涡流，它在避免杂质滞留网板外围的同时，将胶球引至出球管。

收球装置的驱动机构由推力齿轮构成，其作用是用于调节收球网网板的位置。当正常进行胶球循环时（收球网处于位置 A），收球网板覆盖整个管道横断面，用于分离胶球和冷却水；当进行反洗时（收球网处于位置 B），收球网板基本垂直于水流方向，冷却水从后部反洗收球网，将网板上的杂质冲洗干净。如果驱动器驱动机械损坏或发生电路故障，则可通过手轮将网板调至运行位置及反洗位置。

运行中，网板压差值随杂质的增加而上升。如果压差测量系统测量的压差值达到"集球/网板反洗"限值时，系统将自动启动集球，集球完毕后，网板转至反洗位置。如果反洗后压差低于"集球/网板反洗"限值，表明反洗成功，系统将继续进行清洗运行。如果集球时压差上升并达到了压差过高的限值，则控制系统将立即开始启动网板的反洗，以避免收球网的损坏，同时发出报警信号。

收球网还设有观察孔，用于观察收球网内部的工作情况。

3、循环单元

循环单元主要包括的设备有胶球清洗泵（胶球泵）、集球器、胶球循环管等。循环单元主要用于输送、收集和更换胶球。

胶球泵用一定水量从收球网抽取胶球并将其输送至注球管，此过程中，胶球泵需克服收球网与注球管之间的压差，以及循环单元（包括管道）中的压力损失。胶球泵为双通道离心泵，叶轮采用特殊设计，具有不堵球和磨损低的特点。胶球泵由电动机带动，其主轴由一个永久润滑的凹槽滚珠轴承支撑。胶球泵的密封采用机械密封形式。

4. 集球器

集球器的作用是换球、集球和放球。加球或取球时必须先关闭位于集球器出入口的隔离阀，再打开顶盖即可加球或取球；当胶球关闭时，集球器的止回阀可防止胶球的回流。

当集球器处于运行位置时，切换阀打开，胶球连同冷却水进入集球器，从出水口流出；当集球器处于集球位置时，切换阀关闭水流经集球篮网孔流出，而胶球则留在网篮上。

5. 胶球清洗过程

如图 4-3 所示，清洗时，将密度（湿态）与冷却水相近的海绵橡胶球装入装球室，装球数量约等于一个流程中冷却水管数的 10%，湿态球直径较冷却水管内径大 1~2mm。然后启动胶球泵，这样，胶球就在比冷却水进口压力略高一点的水流带动下，通过输球管进入凝汽器的进口管，与通过二次滤网来的主冷却水混合并进入凝汽器的前水室。海绵球随水一起经冷却水管流出，经收球网将球收回。胶球进入收球网的网底，通过引出管又把球吸回到胶球泵，随后又打入装球室，如此往复循环。海绵球是多孔柔软的弹性体，在冷却水管中，海绵球被挤压呈卵形，与冷却水管内壁整圈接触，这样在胶球每经过冷却水管次，就把冷却水管的内表面擦洗了一次，从而使凝汽器的冷却面达到了清洗的目的。

三、检修及技术要点

1. 检修周期

胶球清洗装置除根据设备的健康水平，一般大小修随主机而行。

2. 检修标准项目

小修标准项目包括收球网清理检查，装球室放气门、放水门检查，系统所属阀门开关检查及消除缺陷；大修标准项目包括收球网清理检查、装球室清理检查、系统阀门解体检查及消除缺陷。

3. 检修工艺

（1）检查和清理收球网。将收球网孔、网箱中堵塞的杂物清理干净，如收球网有破损，变形、卡涩处，应进行焊补修整，电动传动装置应灵活。翻板启闭器灵活，各部结合严密，不得有卡坏、漏球现象。

（2）装球室检查清理。对装球室上端压盖，要注意检查其接合面及垫片情况；检查清理装球室内的锈垢、杂物；清理上端压盖上的玻璃片；清理上端盖接合面，更换新垫片；复装上端压盖。

第三节 凝 结 水 泵

一、概述

凝结水泵的作用是将凝汽器底部热井中的凝结水吸出，升压后流经低压加热器等设备输送到除氧器的水箱。凝结水泵现均采用定速电动机驱动的离心式泵，属中低压水泵范畴。

凝结水泵抽吸的是处于高度真空状态下的饱和凝结水，吸入侧是在真空状态下工作，很容易吸入空气和产生汽蚀。凝结水泵的运行条件，要求泵的抗汽蚀性能和轴密封装置的性能良好。大机组的凝结水泵通常采用固定水位运行，设置自动调节凝汽器热井水位装置。

以上海凯士比泵有限公司生产的 NLT500-570×4S 型凝结水泵为例，该泵为立式筒袋式多级离心泵，采用抽芯式结构，泵壳按完全真空来设计。由泵芯包、外筒体、推力轴承、机械密封等几部分组成。该泵共设计有 5 级叶轮，为了提高抗汽蚀性能，泵首级叶轮采用双吸叶轮外，另外泵叶轮全部采用不锈钢材质。为了保证一定的倒灌高度，该凝结水泵安装在汽轮机房内凝结水泵坑内，泵入口中心线高程为 −3.5m。首级叶轮吸入口中心线低于入口管中心线 6m。

凝结水泵能承受瞬时热冲击的影响，泵设有进、出口排空气接管、密封水接管以及压力试验接口。凝结水泵入口管设计有规格为 40 目的不锈钢滤网。凝结泵径向轴承采用自对中、对开式筒形轴承，其结构应方便检修更换。推力轴承采用可倾瓦块式，其结构保证凝结水泵在启、停及任何工况条件下轴向对中。

二、结构和原理

凝结水泵是立式多级筒袋型离心泵，进水管位于泵筒体上，在基础之下；出水管位于吐出座上，与进水管呈水平布置（可按 15° 的整数倍任意变位）。泵的首级叶轮为双吸形式，次级叶轮与末级叶轮通用，为单吸形式。首级导流壳为螺旋壳，次级壳为碗形壳；泵内有多处导轴承用来作为径向支承，泵转子轴向负荷由泵本身平衡，平衡方式采用平衡鼓和一对推力球轴承联合结构；轴封采用机械密封；泵转子轴系含两根轴，轴间连接为卡环筒式联轴器，泵与电动机之间采用弹性柱销联轴器连接。

泵筒体：泵筒体是由优质碳素钢板卷焊制成的圆形筒体部分，其一侧设有吸入法兰；泵筒体用以构成双层壳体泵的外层压力腔，正常工作时腔内处于负压状态。

泵芯：凝结水泵芯包由转子部件和静子部件组成。

泵转子部件：凝结水泵由首级叶轮，第2、3、4、5级叶轮以及下泵轴，中间轴，上泵轴，轴套等组成。为了提高抗汽蚀性能，首级叶轮采用双吸叶轮。图4-5所示为首级双吸叶轮结构。

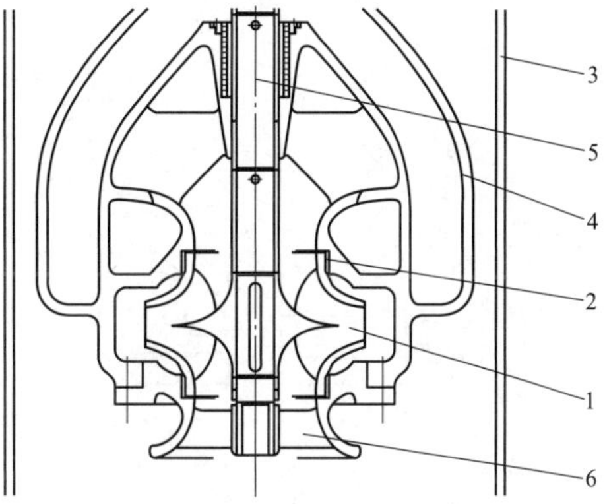

泵芯包静子部件：泵芯包静子部件由首级双吸涡壳，第2、3、4、5级导叶，密封环，直管以及各导轴承组成。泵芯包总装图如图4-6所示。

图 4-5　首级双吸叶轮结构

1—首级诱导轮；2—密封环；3—外筒体；

4—导流体；5—轴；6—吸入口

推力轴承：凝结水泵推力轴承为SP系列泵用立式推力滑动轴承。轴承推力头内孔标称直径为110mm。主要安装在立式低、中速的旋转电动机和水泵上，用以承受轴向力及径向力，它主要包括：推力瓦（带碟形弹簧及附件）、导瓦、推力头、承板（推力瓦支承用）、油冷却器、大端盖、壳体、底板等几大部分。该泵为自润滑型轴承，其冷却方式通过安装在轴承内的冷却器通水进行冷却，润滑油通过底板上设计的沟槽流入承板与轴承内挡油筒之间，分别进入推力瓦、导瓦工作面，之后从外挡油筒上出油孔流出，通过油冷却器后再循环，冷却水进水温度设计不大于38℃。为了监控轴承运行时的温度，在导瓦及推力瓦中均各预留了二个用于安装测温元件的孔。推力轴承结构如图4-7所示。

轴封：NLT500-570×4S型凝结水泵轴封为机械密封，型号为021-M43K/125-00型，为上海博格曼公司生产的集装式机械密封。适用介质为冷凝水，介质温度≤60℃，绝对压力为4.9～11.8kPa，适用径向跳动≤±0.3mm，轴窜≤±1.5mm。密封冲洗水水量为0.3～0.6m³/h，水压为0.2～0.6MPa，冷却水水量为0.3～0.6m³/h。本型号机械密封是K型机械密封，无旋向要求。通过夹紧圈传递轴的扭矩，这样避免轴表面的损坏。在泵内压力下降时（工作压力为负压），工作面仍保持接触，仍具有密封性能。

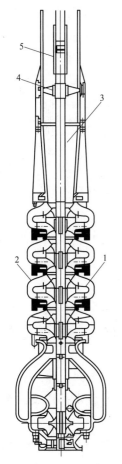

图 4-6　泵芯包总装图

1—叶轮；2—导叶；3—泵轴；

4—导轴承；5—套筒联轴器

联轴器：凝结水泵联轴器结构如图4-8所示，该泵联轴器为SJM型键连接双型膜片式弹性联轴器。由二组膜片、一个中间联轴器组成。允许有一定的轴向、径向、角向补偿量。其中径向补

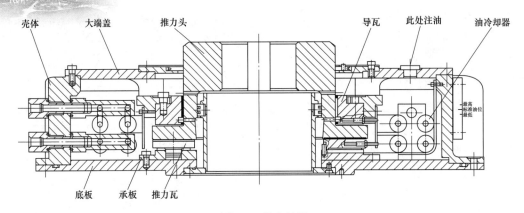

图 4-7　推力轴承

偿量为 1.2mm、轴向补偿量为 3.6mm、角向补偿量为 1°因此可以补偿联轴器少量不对中的影响，以及避免电动机通过联轴器对泵的轴向力的传递。

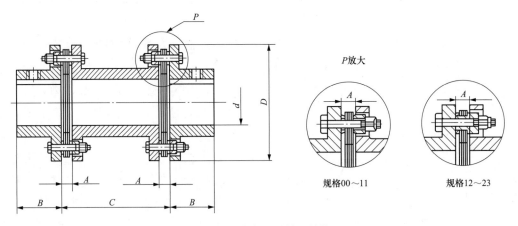

图 4-8　凝结水泵联轴器结构

　　叶轮：将原动机的能量转换成泵送液体能量的核心元件，其中首级叶轮采用双吸，扩大了叶轮入口面积，降低了入口流速，提高泵的抗汽蚀性能。

　　泵轴：作为叶轮的载体，传递着转子的全部负荷。

　　导流壳：以最小的损失将流出叶轮的液体导向后均匀地进入下一级叶轮。其中首级导流壳为配合首级双吸叶轮采用双向进水的螺旋壳，次级导流壳为碗型壳，导流壳之间的连接为止口定位，用螺栓紧固。

　　吸入喇叭管：为导流元件，保证凝结水进入首级叶轮时速度均匀，方向合理。

　　导轴承：泵内设有多处水润滑导轴承，用以承受泵转子径向力，导轴承采用聚四氟乙稀材料，内孔有几个过水槽，用来润滑。

　　出水部分：出水部分由接管、泵座等组成；泵的传动轴从该部分的中心穿过；从泵工作部流出的液体经该部分后水平进入泵外压力管道。

　　泵座上设有密封函体、泄压孔、脱汽孔；泄压孔用以将轴封腔内压力减至最低；脱汽孔用以将泵筒体内的气体及时排至凝汽器。在密封函体内装有机械密封，机械密封结构形式为双端面串联密封，在外侧的一对动静环用来作为泵启动前的密封，内侧的一对动静环用来泵正常运转时的密封。

三、检修及技术要点

（一）检修技术关键点

（1）转子小装各部件轴向尺寸、径向跳动测量。

（2）修前、修后凝结水泵转子总窜动、半窜动间隙测量及推力间隙测量。

（3）叶轮、轴及导叶表面宏观检查、着色探伤检查。

（二）泵解体技术关键点

（1）起吊电动机及泵芯包要用合适规格钢丝绳（ϕ44mm 对绳），使用专用钢丝绳。起吊时需专业起重人员指挥。

（2）泵芯包垂直起吊放到水平位置时，要行车大、小钩配合，大小钩之间夹角不超过45°。用枕木垫平稳，从立放到横放的吊放过程中不得发生冲击或撞击现象。

（3）解体泵直管段时，由传动端解体，注意每解体一段直管，泵轴都要垫好，避免造成轴弯曲及损伤轴颈。解体泵芯包时，注意由进水喇叭口、首级叶轮、首级双吸涡壳、次级叶轮、次级导叶逐级拆卸，避免打乱工序。

（4）芯包解体时注意每解体一级导叶、叶轮，均需由木垫块垫好，防止摩擦损伤。

（三）泵与电动机联轴器找中心

在电动机背轮上架好百分表（端面 2 块，圆周 1 块），表针指向泵背轮。同时盘动电动机和泵背轮，完全静止下来后读数，按图"找中心记录方法"测量记录。若读数值不符合技术标准要求，则需通过对电动机地脚台板加减垫片的方法进行调整。立式泵找中心如图 4-9 所示。

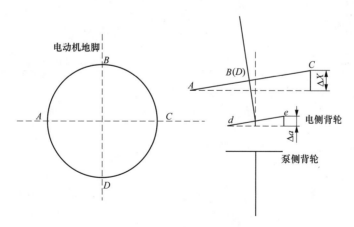

图 4-9　立式泵找中心

消除张口方法：假如张口在背轮 e 侧，张口值为 Δa 计算如下。

需在 C 处减垫数如下：

$$\Delta x = \Delta a \cdot AC/de$$

在 B 处减垫片数为：

$$\Delta x/2 = \Delta a \cdot AC/de/2$$

在 D 处减垫片数为：

$$\Delta x/2 = \Delta a \cdot AC/de/2$$

（注：de 为电侧背轮两端面表针之间距离；AC 为电动机地脚之间距离；Δa 为张口值）

消除圆周偏差值方法：分别顶动 A、B、C、D 处电动机地脚顶丝，看圆周表读数，使其偏差分别如下：

东西偏差值 $= (B-D)/2 \leqslant 0.05$mm；南北偏差值 $= (A-C)/2 \leqslant 0.05$mm。

（假定 B 处为东，D 处为西，A 处为南，C 处为北）

（四）NLT500-570×4S 型凝结水泵配合间隙标准

NLT500-570×4S 型凝结水泵配合间隙见表 4-1。

表 4-1　　　　　　　　　　　NLT500-570×4S 型凝结水泵配合间隙

内　容	技　术　标　准（mm）
泵轴弯曲	$\leqslant 0.05$
首级叶轮前口环与密封环间隙	0.60～0.70（允许最大磨损间隙为 0.80）
首级叶轮后口环与密封环间隙	0.60～0.70（允许最大磨损间隙为 0.80）
标准级叶轮口环与密封环间隙	0.60～0.70（允许最大磨损间隙为 0.80）
导轴承与轴套间隙	0.25～0.38（允许最大磨损间隙为 0.55）
级间导轴承与轴套间隙	0.25～0.38（允许最大磨损间隙为 0.55）
节流套壳与节流衬套间隙	0.42～0.48（允许最大磨损间隙为 0.65）
节流导轴承与轴套间隙	0.12～0.24（允许最大磨损间隙为 0.45）
泵转子总窜动间隙	12～16
转子半窜间隙	7 ± 1
推力轴承推力间隙（向上）	1.5 ± 0.5
导瓦间隙	0.266～0.341
泵与电动机转子中心记录	圆周差 $\leqslant 0.05$ 平面差 $\leqslant 0.05$

第四节　低 压 加 热 器

一、概述

低压加热器是一种表面式加热器，由于被加热水来自凝结水泵，因此水侧管道压力较低，故称之为低压加热器。低压加热器是汽轮机回热系统中，从汽轮机抽出一定数量作过部分功的蒸汽来加热主凝结水的辅助设备，其除了可以提高机组经济性外，还可以确保除氧器进水温度的要求，以达到良好的除氧效果。

二、结构及原理

低压加热器与高压加热器的基本结构相同，因其压力较低，故其结构比高压加热器简单一些，管板和壳体的厚度也薄一些。管子均采用不锈钢材料，在所有加热器的疏水、蒸汽进口设有保护管子的不锈钢缓冲挡板。低压加热器采用逐级回流疏水，各低压加热器设危急疏水管，危急疏水直接排入疏水扩容器中。5号、6号低压加热器结构简图如图4-10所示。

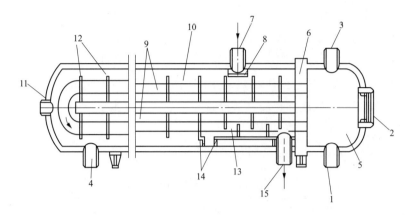

图4-10　5号、6号低压加热器结构简图

1—凝结水入口；2—人孔；3—凝结水出口；4—事故疏水；5—水室；6—管板；7—蒸汽入口；8—防冲板；
9—凝结段；10—管束；11—上级疏水入口；12—管子支撑板；13—疏水段；14—疏水冷却段密封件；15—疏水出口

7号和8号低压加热器合并而成一个同壳加热器安装在高压凝汽器的颈部，7B号和8B号低压加热器合并而成一个同壳加热器安装在低压凝汽器的颈部。该低压加热器由壳体、管系、水室等部分组成，低压加热器壳体内设有一垂直的大分隔板将低压加热器分隔为左右互不相通的两个腔室，7A/B号、8A/B号低压加热器的管系就分别装在这两个腔室内。管系分别由支撑板支撑，并引导蒸汽沿管系流动，各管系内的疏水冷却段由包壳密封，以保证疏水畅通流动，凝结水从8号低压加热器水室进口进入管系进行加热后，流入出口水室，在水室转向后进入7号低压加热器管系，经7号低压加热器管系的升温后再进入水室，最后从水侧出口管离开低压加热器到上一级低压加热器。7号、8号低压加热器结构简图如图4-11所示。

7号和8号低压加热器装设在凝汽器颈部是因为该两段抽汽流量大，压力低，蒸汽的比体积很大，如果加热器布置在凝汽器外面，需

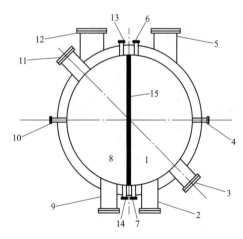

图4-11　7号、8号低压加热器结构简图

1—8号低压加热器；2—8号低压加热器疏水出口；
3—凝结水进口；4—8号低压加热器抽空气出口；
5—8号低压加热器蒸汽进口；6—8号低压加热器汽侧放气门；7—8号低压加热器汽侧放水门；
8—7号低压加热器；9—7号低压加热器疏水出口；
10—7号低压加热器抽空气口；11—凝结水出口；
12—7号低压加热器蒸汽进口；13—7号低压加热器汽侧放气；14—7号低压加热器汽侧放水门；
15—中间隔板

要引出很大的抽汽管，在管道布置、保温层的铺设、安装上都存在难度，而布置在凝汽器

喉部，则可节省空间、利于布置。同时由于以上原因且蒸汽压力较低，该两段抽汽出口没装止回阀和截止阀，为防止蒸汽倒入汽轮机，在加热器蒸汽入口设有防闪蒸的挡板，当汽轮机跳闸时，可防止过多的蒸汽倒入汽轮机。

以上海动力设备有限公司生产的 JD-1200、1280、710、951 型低压加热器为例。

JD-1200、1280、710、951 型低压加热器均为卧式 U 型管，由水室、管子和外壳组成，管系中的管板与水室、壳体焊接而成；内部设有过热蒸汽冷却段、凝结段和疏水冷却段。5 号、6 号低压加热器采用第五、六级抽汽，为外置式加热器，7 号、8 号低压加热器为组合体，7A/8A、7B/8B 号低压加热器采用第七、八级抽汽放置在凝汽器喉部，为内置式加热器。5 号、6 号低压加热器汽侧设置有全启式安全阀，水侧也设置有安全阀，以防超压。

JD-1200、1280、710、951 型低压加热器设备参数见表 4-2。

表 4-2　　　　　　　　　　　　　低压加热器主要技术参数

项目	单位	5 号低压加热器	6 号低压加热器	7 号低压加热器	8 号低压加热器
型号		JD-1200-1-4	JD-1280-1-3	JD-710-1-1	JD-951-1-1
型式		单列卧式	单列卧式	单列卧式	单列卧式
传热面积	m²	1200	1280	710	951
壳侧设计温度	℃	280/160	200/140	150	150
壳侧设计压力	MPa	0.48	0.27	0.6	0.6
管侧设计温度	℃	160	140	130	130
管侧设计压力	MPa	4.0	4.0	4.0	4.0
凝结水流量	t/h	1362.8	1362.8	1362.8	1362.8
凝结水进口温度	℃	119.0	99.1	76.6	36.4
凝结水出口温度	℃	136.4	119.0	99.1	76.6
加热蒸汽流量	t/h	46.3	46.3	50.7	82.5
加热蒸汽压力	MPa	0.366	0.205	0.106	0.046
加热蒸汽温度	℃	244.2	182.4	119.4	80.7
进入疏水量	t/h		46.3	92.5	143.2
进口疏水温度	℃		124.6	104.7	82.2
出口疏水量	t/h		92.5	143.2	227.9
出口疏水温度	℃	124.6	104.7	82.2	42.0
加热器端差	℃	2	2	2	2.8

三、检修及技术要点

检修的低压加热器目的是拆开人孔清扫检查水室、汽侧打压试验、水位计浮子清扫检查等。开工前确认系统隔离措施已执行，低压加热器及系统管道内存水已放净，压力已降至 0，温度符合安规中开工要求。

检修步骤：

（1）确认汽、水侧已泄压，方可开始检修工作。

（2）拆除人孔盖的双头螺栓。

（3）拆除前必须搭设合适的脚手架，并用合适倒链拴挂，以防松开人孔盖后造成人员及设备的损坏。

（4）拆除水室内隔板人孔盖螺栓，打开隔板人孔。

（5）清理检查水室内、外及焊接部分，是否有裂纹和腐蚀。

（6）进行管束查漏试验工作：（汽侧灌水及使用压缩空气）下面仅介绍使用压缩空气的方法。

1）关闭汽侧与系统相连接的所有阀门。

2）将压缩空气管路与汽侧充氮管连接。

3）安装相应的压力表计，并通过汽侧充氮门控制进入汽侧的压缩空气压力。

4）气压控制在 0.2MPa，保持 30min 气压应无变化。

5）若气压发生变化时，可在管板处涂抹肥皂水检查具体泄漏管束。

6）由于管子是焊接在管板上的，故将泄漏 U 形管两个管口的原来焊缝磨光，然后清理被堵处管板和孔，准备好专用堵头和压入工具。

7）在焊接前，应将焊接部位预热至 65℃，以除去潮气。

8）压入外端打有 $\phi 6 \times 20$mm 沉孔的堵头。

9）用 J506 焊条进行焊接。

10）重新打压检查管束是否有泄漏情况。

11）如在检查过程中发现泄漏量较小，则说明仅是管板与管子之间焊缝处泄漏。

12）则先用小尖铲将焊缝上的焊肉除去，使泄漏点露出，然后除去杂物，用带小圆头扁铲锤击泄漏点，并开出 V 型或 U 型坡口。

13）将焊接区域预热至 120℃左右，然后，使用 $\phi 2.5$ 结 506 焊条进行焊接。每焊一层，应跟踪锤击一遍以释放应力。

14）检查项目处理完成后，回装人孔盖。

 思考题

1. 火力发电厂凝结水系统包括哪些设备？
2. 凝结水系统的作用是什么？
3. 凝结水系统包括哪些设备？
4. 凝汽器的功能是什么？
5. 双背压凝汽器相对于单背压凝汽器有什么优点？画图说明。
6. 胶球系统的工作原理是什么？
7. 凝结水泵的作用是什么？
8. 凝结水泵首级叶轮为何要设置成双吸结构？
9. 低压加热器的作用是什么？

第五章

给 水 系 统

给水系统是将除氧器中的水通过锅炉给水泵提高压力，经过高压加热器加热后输送至锅炉的省煤器入口，作为锅炉的给水。

给水系统的主要设备包括锅炉给水泵、锅炉给水前置泵、除氧器及高压加热器。

第一节 锅 炉 给 水 泵

锅炉给水泵的作用是给锅炉提供给水，给过热器、再热器提供减温水。600MW 及以上汽轮机组一般配备两台 50% 容量的汽动给水泵给机组提供正常给水，当一台汽动给水泵检修退出运行时，由一台 30% 的电动给水泵和另外一台汽动给水泵供给锅炉用水。300MW 机组一般配备一台 100% 容量的汽动给水泵和一台 80% 的电动给水泵，机组正常运行由汽动给水泵提供给水，当汽动给水泵检修退出运行，由电动给水泵提供给水。

汽动给水泵由小汽轮机拖动，不同的流量压力可以通过小汽轮机转速的调节来实现。电动给水泵由定速电动机通过液力耦合器连接到给水泵上，液力耦合器通过控制勺管开度来实现电动给水泵的流量压力变化，从而实现锅炉给水调节。

一、结构及原理

锅炉给水泵一般为卧式多级双壳芯包式给水泵。由泵芯包和泵壳组成，芯包由转动部件与静止部件组成。该类型泵结构紧凑，主要用于输送高温高压流体，由于为芯包式，如果芯包损坏，可直接更换备用芯包，节省检修时间，但要求较高的检修精度。

以大唐托克托电厂 300MW 机组给水泵为例，其结构如图 5-1 所示。

该泵为双层壳体的横轴泵，常称双壳泵，这种泵的外壳体一般都采用整体段制或浇铸而成，吸入口、压出口和泵脚常被焊接在外壳体上。泵检修时，外壳体和吸入及压出管道都不必拆卸，泵芯能整体抽出或装入，方便检修。

这种泵的外壳内腔与泵压出口相通，外壳体承受的压力等于泵的出口压力，即使泵压出压力很高，因外壳全是简单的厚壁圆筒，设计制造都很方便，故泵的扬程可以更高。它是目前制造的各种叶片泵中，适用于最高压力的结构形式之一。

双壳泵还便于实现结构上的对称布置，这样有利于轴线四周的水流、热流和压力的均匀分布，从而减小了因热胀冷缩带来的不良影响。因而许多大型火电机组输送高温高压液体的锅炉给水泵都是双壳泵，如从德国引进的 CHTA 型高压锅炉给水泵（见图 5-1）即属这种结构形式。

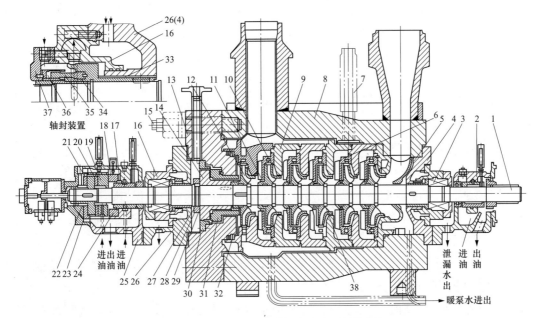

图 5-1　CHTA 型高压锅炉给水泵结构图

1—泵轴；2—滑动轴承；3—轴封装置；4—吸入端盖；5—吸入段；6—导叶；7—引水管；8—外壳体；
9—中段；10—密封环；11—导叶套；12—叶轮；13—高压端盖；14—平衡盘；15—螺栓；16—密封体；
17—间隔环；18—测力环；19—推力瓦座；20—扇形瓦；21—推力轴承盘；22—扇形瓦支座；23—推力瓦；
24—滑动轴承；25—轴承体；26—冷却室；27、28、29—卡环组合；30—压盖；31—平衡盘座；32—压出段；
33—动环座；34—动环；35—静环；36—弹簧；37—密封盖；38—卡环

CHTA 型泵的泵芯由泵轴、吸入段、导叶、导叶套、中段、泵壳密封环、叶轮和卡环等零件组成，为节段筒式多级离心泵。

它的泵轴靠径向滑动轴承 2 和位于轴承体内的径向和止推滑动轴承组合 21、24 支承，泵轴向力由平衡盘和平衡鼓的联合机构平衡。采用平衡盘，且又在轴承组合中设有扇形瓦 20、扇形瓦支座 22 和推力轴承盘 21 等组成的止推轴承，是为了避免平衡盘 14 和平衡盘座 31 接触。该泵的两处轴封装置 3 属机密封与非接触型体 16 中，由动环座 33、动环 34、静环 35、弹簧 36 和密封盖 37 等组成。泵的高压端盖 13 依靠液压千斤顶拧紧的连接大螺栓压紧在外壳体 8 上。该泵检修时先拆除联轴器、轴承、轴封和轴向力平衡结构，然后借助一些专用工具，可以从左端拉出高压端盖和整个泵芯部件。

二、检修及技术要点

（一）CHTA 型锅炉给水泵解体检修过程中的技术关键点

（1）汽动给水泵中心比小汽轮机中心高 0.058mm；圆差小于 0.05mm，面差小于 0.03mm。顺小汽轮机方向看汽泵动给水偏小汽轮机左侧 0.157mm，对轮间距为 611mm ± 0.5mm。

（2）推力间隙为 0.40～0.60mm。推力盘端面的允许跳动值为 0.05mm。

（3）轴子总窜量为 8.5～10mm、工作窜量为 5.25～6.3mm、半抬轴量为总抬量 4/9。

（4）平衡间隙为 0.15～0.30mm、平衡鼓与平衡座间隙为 0.40～0.50mm、节流套与平衡盘的径向总间隙为 0.70～0.8mm。节流套螺栓紧固力矩为 160N·m。

（5）瓦口间隙为 0.06～0.08mm、上瓦间隙为 0.11～0.135mm。

（6）抛油环与挡油圈间隙为 0.60～0.70mm，超过 0.80mm 应更换。

（7）叶轮进口颈部与内泵壳衬套间隙为 0.4～0.55mm。叶轮轴颈部和导叶衬套间隙为 0.55～0.66mm。

（8）联轴器处轴径晃度≤0.03mm。

（9）端盖螺栓紧固力矩为 290N·m。

（10）各轴瓦来油管路上的截门开度不得随意调整，修后按原样装复。

（11）各轴瓦来油管道上的节流孔板不得随意调整或调串，修后按原样装复。

（二）转子动平衡

如果对转子的部分部件进行了修整或更换，则必须做转子的动平衡。做动平衡前按照以下步骤组装转子。

（1）做转子动平衡前，应先对叶轮颈部的口环（耐磨环，导叶衬套）进行圆跳动检查，所测得的圆跳动值不应超过 0.03mm。

（2）检查转子上各部件尺寸，消除明显超差。轴上套装件晃度不应超过 0.02mm。对轴上所有的套装件，如叶轮、平衡盘、轴套等，应在专用工具上进行端面对轴中心线垂直度的检查。假轴与套装件保持 0～0.04mm 间隙配合，用手转动套装件，转动一周后百分表的跳动值应在 0.015mm 以下。

（3）在测量和检查转子部件的瓢偏、晃度等全部合格后，进行转子安装。

（4）安装驱动端转动部件。

1）在键槽里放入动环座的键，再装上不带动环和 O 形圈的动环座。

2）将轴套套到轴上，用轴螺母紧固。

3）将加重盘和对轮的键放入键槽内，借助推压装置装上加配重盘和对轮。

（5）安装非驱动端转动部件。

1）装上有支撑环的第一级叶轮卡环。

2）将第一级叶轮的键放入键槽内。

3）加热首级叶轮，将其套到轴上，直到靠近支撑环位置。加热叶轮时应先对外圈加热。当外圈温度达到 150℃时，把叶轮盖板加热到 200～250℃。保持叶轮盖板温度在 200～250℃，迅速把叶轮轮毂加热到 250～300℃，不要过热。

4）装上最后一级叶轮后，把平衡盘的键放在键槽内，装上不带 O 形圈的平衡盘。

5）装上平衡盘的间隔环并把中开环装在轴槽内。

6）将定位环套在中开环上使之靠近平衡盘。

7）在键槽里放入动环座的键，再装上不带动环和"O"型圈的动环座。

8）将轴套套到轴上，用轴螺母紧固。

9）把间隔环套在轴上，放上键再放上推力轴承盘用轴承螺母压紧。

（6）装好转子后，将转子平稳吊到动平衡机上，按流程进行测量。在做动平衡过程中人员应该站在转子轴向位置，防止转子飞出伤人。

（7）动平衡试验合格后，应对各部件相对位置做好记号，叶轮要打好字头，依次拆除，以备总装。

（三）联轴器找正

锅炉给水泵检修完毕后试运前，要进行与给水泵汽轮机的联轴器找正工作，联轴器找正的注意事项如下。

（1）因两个联轴器轮毂之间有较大的间隙，因此需按图 5-2 制作一个对中卡具。

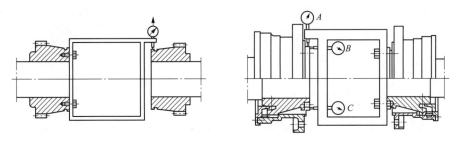

图 5-2　找中心专用卡具

（2）因汽动给水泵泵脚布置在泵的中心线上，受热时，轴位不会变化，因此无须预留热膨胀值。汽动给水泵的中心上下偏差及张口的调整可通过调整泵脚垫片厚度来实现，左右偏差及张口调整可通过调整预留的侧向螺栓来达到目的。

（3）汽动给水泵找中心的标准一般由其配套的给水泵汽轮机厂家来决定，杭州汽轮机厂规定的联轴器找正标准为汽动给水泵中心比给水泵汽轮机中心高 0.058mm；圆差小于 0.05mm，面差小于 0.03mm。顺给水泵汽轮机方向看汽动给水泵偏给水泵汽轮机左侧 0.157mm。

第二节　锅炉给水前置泵

给水泵是向锅炉提供一定压力的给水，为经一步提高除氧器在滑压运行时的经济性，同时又确保给水泵的运行安全，通常在给水泵前加设一台前置泵，与给水泵串联运行。由于前置泵的工作转速较低，所需的泵入口倒灌高度（即汽蚀裕量）较小，从而下降了除氧器的安装高度，节俭了主场房的建设用度；并且给水经前置泵升压后，其出水压头高于给水泵所需的有限汽蚀裕量和在小流量下的附加汽化压头，有效地防止给水泵的汽蚀。

一、结构及原理

锅炉给水前置泵为单级双吸泵的吸入口与吐出口均在水泵轴心线下方，水平方向与轴线成垂直位置、泵壳中开，检修时无须拆卸进水，排出管路及电动机（或其他原动机）从联轴器向泵的方向看去，水泵均为逆时针方向旋转。泵体与泵盖构成叶轮的工作室，在进出水法兰上制有安装真空表和压力表的管螺孔，进出水法兰的下部制有放水的管螺孔。

给水前置泵轴承都为滚动轴承，两端轴封均由机械密封装置加以密封。同类型泵的密封应可以互换，每个机械密封由闭式循环水冷却。轴承冷却水和冷却水套冷却水均为闭式水。

叶轮是冷装到轴上的，用轴套和两侧的轴套螺母固定，其轴向位置可以通过轴套螺母进行调整，叶轮的轴向力利用其叶片的对称布置达到平衡，可能还有一些剩余轴向力则由非驱动端两盘角接触轴承承受。此外还有驱动端一盘深沟球轴承来承受转子组件的质量，各轴承的润滑油均为汽前泵轴承专用油。

相同型号给水泵的叶轮、转子和其他可拆卸的部件应是可互换的。叶轮两侧均装设可拆卸的密封环，密封环的装配应确保密封环不发生转动，叶轮口环的硬度应比密封环的硬度明显大些，从而可避免磨环的咬损。

二、检修及技术要点

（一）解体检修技术要点

（1）解体过程中注意拆下中间联轴器短节后要校核泵与电动机的原始中心偏差值。

（2）解体过程中要注意测量轴承压盖端面至轴承外圈轴向间隙，自由端轴承拆下后注意不要随意沿轴向推动转子。

（3）转子吊出过程中要平稳，不要损伤轴颈。

（4）机械密封轴套拆下时，注意将轴颈清扫擦拭干净，要轻轻拉出避免损伤轴颈。

（5）回装时要注意在泵体密封环及叶轮口环内涂少量二硫化钼粉。

（6）回装时要先紧固泵上盖螺栓，再紧固机械密封冷却套螺栓。

（7）回装时注意测量转子总窜间隙及半窜间隙值，若不符合技术标准则重新调整。

（8）注意回装时机械密封压缩量的调整，即紧固密封轴套紧定螺钉，需在转子位置确定后进行。

（二）泵轴校直

泵轴弯曲的校直：泵经过长期运行后，或因维修解体过程中的偶然事故，轴的弯曲度可能超过技术标准规定的数值，这时，若继续使用该轴，必须消除其弯曲度。一般采用冷态释放内应力的直轴方法，即锤击捻打法。如图 5-3 所示。捻打时，弯轴的凹侧朝上，捻打过程中保持该状态不变，捻打区域一般选择最大弯曲轴面弧段 2～3 点。采用 2～3kg 的手锤击打冲针，击打力不能过重，击打的次数和时间，视轴弯曲程度而定。捻打时，轴的最大弯曲点凸侧支承在铜板或铅板上，支撑面达到 30%～40% 轴面弧段，每捻打完一次均

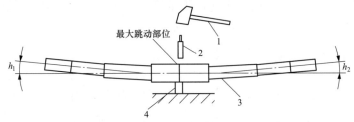

图 5-3　泵轴校直示意图

1—手锤；2—冲针；3—泵轴；4—铜板或铅板

要检查轴的弯曲度。最终捻打时应过弯 0.01～0.02mm。捻打时轴上留下的击打痕迹不可锉修掉。

第三节　电动给水泵液力耦合器

锅护蒸发量随电负荷的变化而经常变化，为此，要求给水泵必须及时、迅速地改变锅炉的给水量。现代大型机组从经济性和适应滑参数启动以及变压运行考虑多采用变转速的调节方法。变转速的调节方法就是通过改变转速来变更泵的性能曲线，使工作点移动、从而达到调节水泵流量的目的。用电动机驱动的带有液力耦合器的给水泵就是这种型式。

液力耦合器用来对高速的工业机器进行无级调速控制，耦合器的主体部分与增速齿轮合并在同一个箱体中，箱体的下部分作为油箱。耦合器与电动机以及给水泵之间的动力传递由联轴器完成，输入转速由一对增速齿轮增速后传到泵轮轴，泵轮与涡轮之间由工作油传递转矩。原动机的转矩使工作油在泵轮中加速，然后工作油在涡轮中减速并对涡轮产生一等量的转矩，工作油在泵涡轮间循环是靠两轮间滑差所产生的压差来实现，这就要求涡轮的转速要低于泵轮。因此，要传动动力，两轮之间必须有滑差。选用耦合器时，应保证在满载全充液的情况下有一低的满载滑差。输出转速可通过调节泵涡轮间工作腔室内的工作油充液量来调节，而工作腔室的充液量由勺管的位置所决定。由于滑差造成的功率损耗将使工作油温度升高，为了消除这些热量，必须冷却工作油。

一、结构及原理

（一）总体结构

液力耦合器主要由输入轴 7、泵轮（主动）轴 12、涡轮（从动）轴 18 以及相应的部件组成。它们一起装在同一水平接合面的铸铁机壳 6 内，机壳的下部起到油箱的作用。输入轴通过挠性联轴器与电动机连接，通过一对人字形齿轮（1、2、13、14）将转速升高并转动泵轮轴。泵轮轴与涡轮轴的一端分别装有泵轮 15 与涡轮 16，旋转内套 17 用螺钉与泵轮外缘相连，它们形成两个腔：在泵轮与涡轮间的腔室中有工作油所形成的循环流动圆；在涡轮与旋转内套的腔中，由泵轮和涡轮的间隙流入的工作油，随旋转内套和涡轮旋转，在离心力的作用下形成油环，工作油在泵轮里获得能量，而在涡轮里释放能量，改变工作油量的多少，就可传递动力的大小，从而改变涡轮的转速，以适应负荷的需要。在涡轮侧靠近旋转内套处固定一勺形管外腔 22，内有插入旋转内套腔中可移动的勺形管（如图 5-4 中虚线所示）。改变勺形管的行程可改变油环的泄放油量，从而实现工作油量的改变。

泵轮与涡轮都具有较多的径向叶片，叶片数一般为 20～40 片。为避免共振，涡轮的叶片一般比泵轮少 1～4 片。泵单元 19 包括装在同一根轴上的工作油泵和润滑油泵，它们通过输入轴自由端的一对齿轮及锥齿轮来传动。装在输出轴一侧的还有启动用的辅助润滑油泵 20 及其电动机 21。泵轮轴及涡轮轴上还分别装有承受轴向推力的轴承装置 8、9、10、11 以及径向轴承 4 和 5。

液力耦合器的油系统包括工作油回路和润滑油回路，其系统如图 5-4 所示。

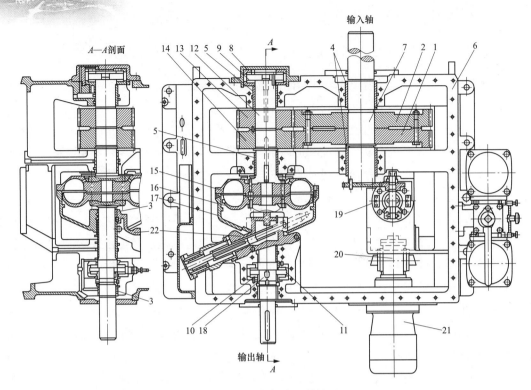

图 5-4 液力耦合器结构图

1、2—人字形齿轮；3、4、5—径向轴承；6—铸铁机壳；7—输入轴；
8～11—推力轴承装置；12—泵轮轴；13、14—人字形齿轮；15—泵轮；16—涡轮；17—旋转内套；
18—涡轮轴；19—泵单元；20、21—辅助润滑油泵、电动机；22—勺形管外腔

　　泵轮、涡轮及旋转内套中的工作油经勺管、排油管进入工作油冷却器 34，冷却后的工作油也进入控制阀控制着油量的多少、油由此进入泵轮、涡轮及旋转内套。这种部分工作油连续循环工作的系统称为工作油闭式循环系统。这种出油由勺管控制，进油由控制阀控制的系统就称为进出油控制系统。如工作油经冷却器冷却后，不是进入控制阀而是返回油箱再由离心泵单独供油的，称为工作油开式循环系统。

　　润滑油由齿轮润滑油泵抽出后，经过润滑油冷却器 28 和可逆双联过滤器 26 进入润滑油总管，然后流向各润滑点（各轴承和齿轮组）。驱动电动机和水泵的润滑油量由孔板控制，以便使变速液力耦合器和外部工作机械都得到润滑。在液力耦合器启动、停机之前和润滑油泵 12 损坏时，由辅助润滑油泵 12 提供润滑油。辅助润滑油泵由油箱抽出的油经过止回阀 15 流入机内润滑油泵 12 的输出管道。止回阀是用来防止机内润滑油泵 12 输出的油倒流入辅助润滑油泵。润滑油溢流阀 24 除了排泄多余的油之外，还作为调节润滑油油压的工具。

　　（二）工作原理

　　液力耦合器是安装在电动机与泵之间的一种传动部件，从电动机至液力耦合器和液力耦合器至水泵之间是采用挠性联轴器连接并进行功率传递的。而液力耦合器与一般联轴器不同之处是通过工作油来传递和转换能量的。液力耦合器的基本配置如图 5-4 所示。它由

主动轴 4、泵轮（B）2、涡轮（T）8、从动轴 5 以及防漏油的旋转内套 7 等组成。泵轮与涡轮分别装在主动轴与从动轴上，它们之间无机械联系。旋转内套在其外缘法兰处用螺钉与泵轮相连接。

泵轮和叶轮的轴心线相重合，内部相对布置，两轮侧板的内腔形状和几何尺寸相同，轮内装有许多径向辐射形平面叶片 3，两轮端面留有适当的间隙 δ，构成一个液流通道 6，称为工作腔，工作腔的轴面投影称为循环图，又称流道。

运行时，在液力耦合器中充满工作油，当主动轴带动泵轮回转时，泵轮流道中的工作油因离心力的作用，沿着径向流道由泵轮内侧（进口）流向外缘（出口），形成高压高速油流。在出口处以径向相对速度与泵轮出口圆周速度组成和速，冲入涡轮的进口径向流道，并沿着流道由工作油动量矩的改变去推动涡轮，使其跟随泵轮同方向旋转。油在涡轮液道中由外缘（进口）流向内侧（出口）的过程中减压减速，在出口处又以径向相对速度与涡轮出口圆周速度组成合速，冲入泵轮的进口径向流道，重新在泵轮中获取能量。如此周而复始，构成了工作油在泵轮和涡轮两者间的自然环流。在这种循环中，泵轮将输入的机械功转换为工作油的动能和升高压力的势能，而涡轮则将工作油的动能和势能转换为输出的机械功，从而实现了电动机到水泵间的动力传递。

液力耦合器在稳定转动时，作用在耦合器旋转轴方向上的外力矩之和应等于零。因而，如果略去不大的耦合器外侧的鼓风和不计轴承等主力扭矩，则作用在泵轮轴上的扭矩，必然等于涡轮轴输出的扭矩。

如前所述，液力耦合器在运转时，动力的传递是依靠泵轮和涡轮之间能量的交换进行的。当泵轮和涡轮以同样的转速回转时，这时液力耦合器就如同刚性联轴器，它的传动效率为 1，传动扭矩为 0，这就意味着泵轮工作油的出口压力，等于涡轮工作油的进口压力，工作油不存在压差。没有压差就没有环流，所以工作油的循环流动油量为 0，即虽然有油，但并不流动。反之，如果涡轮不转（相当于给水泵停运状况），而泵轮在固定转速下有一定的转动扭矩，但没有将动力传递给涡轮，这时传动效率等于 0，传动扭矩最大。

为了使液力耦合器在传递动力时具有较高的效率，通常取 $S=0.03$ 时所能传递的扭矩作为额定扭矩，也即液力耦合器在额定工况下运转时，传动的效率约为 0.97。

液力耦合器的上述特性使其在启动、防止过载及调速方面具有极大的优越性。因为电动机和液力耦合器的泵轮相连接，启动前如将液力耦合器流道中的液体排空，那么电动机启动时只带上液力耦合器泵轮部分惯量而轻载启动，之后，再对液力耦合器流道逐步充油，就能逐步可控地启动大惯量负荷。另外，在正常工作时液力耦合器有不大的滑差，当从动轴的阻力扭矩突然增大时，液力耦合器的滑差会自行增大，甚至使从动轴制动（$S=1.0$），此时电动机仍可继续运转而不致停车，因此液力耦合器可防护整个动力传动系统免受冲击，防止动力过载。图 5-5 是对流道中充满工作油的情况下得出的液力耦合器特性。如果在流道中只充以一部分油，则由于循环流量减小，在同一滑差下，液力耦合器所传扭矩自然较全充满时为小。在液力耦合器上装以调速机构后，就可以在运转中任意改变液力耦合器流道中工作油的充满程度，因此，在主动轴转速保持不变的情况下可以实现从动轴（负荷）的无级调速。

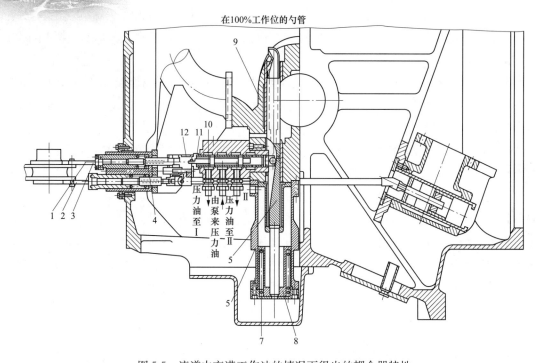

图 5-5　流道中充满工作油的情况下得出的耦合器特性

1—控制勺形管位置凸轮盘；2—控制油循环凸轮盘；3—滚珠轴承；4—控制杆；5—勺形管；

6—液压缸；7—弹簧；8—活塞；9—勺形管外壳休；10—错油门芯；11—错油门套筒；12—弹簧

（三）液力耦合器的调节

在泵轮转速固定的情况下，工作油量愈多，传递的扭矩也愈大。反过来说如果扭矩不变，那么，工作油量愈多，涡轮的转速也愈大（因泵轮的转速是固定的），从而可以通过改变工作油的油量来调节涡轮的转速，以适应给水泵需要的转速。

工作油量的调节基本上有两种方式：一种是调节工作油的进油量，另一种是调节工作油的出油量，为达到能够快速升降转速的目的，现代液力耦合器多采用上述两种方式的联合。

进油量的调节是通过工作油泵和控制阀来进行的。工作油泵通过工作油系统中的节流阀、压力调节阀及控制阀输送工作油进入液力耦合器以补偿消耗掉的油量。压力调节阀将最高工作油压限制在 250kPa，控制阀轮转速的关系由凸轮对应于勺管位置予以控制，油量是由制造厂根据最大出力值确定的。

液力耦合器出油量的调节是由一个凸轮来控制勺形管的位置以自动控制转速，由锅炉给水量的负荷信号操纵伺服机，由于勺形管位移量与泄放油量并非线性关系。因此伺服机只旋转装着凸轮盘的传动杆，传动杆上固定着两个凸轮盘，分别进行油循环控制和勺形管位置控制。控制勺形管位置的凸轮盘通过转轴上的滚珠轴承及控制杆，移动错油门芯来改变勺形管的径向位移量，以控制泄放油量。与此同时，装在传动杆另一端的控制油循环凸轮盘改变进油控制阀的开度，从而控制进入液力耦合器的进油量。当锅炉给水量需要增加时，伺服机将凸轮盘向勺形管 100% 位置方向移动，错油门芯随之向下移动，压力油流经开孔截面进入勺形管的液压缸，推动活塞向左移动，连在活塞上的勺形管将移至使液力耦合器充满油的位置，同时一个弹簧将错油门套筒压在勺形管的一个斜面上，由于斜面的作用，使原被错油门芯打开的小孔重新封闭。装在同一传动杆上的油量循环控制凸轮盘，则相应增加控制阀的开度，从而进入液力耦合器中的油量增加，涡轮转速迅速升高，适应了给水量增加的要求。当锅炉给水量需要减少时，则伺服机将凸轮向勺管为 0% 的位置旋转时，错油门芯上升，压力油将通过被打开的小孔流向勺形管活塞受弹簧压力的一侧，将勺形管移向使液力耦合器排油增加的位置，同时减小进油控制阀的开度，使进油量减少，涡轮转速下降，适应了锅炉给水量减少的要求，控制油压由润滑油系统供给，控制压力油压力保护阀调整到 350kPa 左右。

二、检修及关键要点

大修期间，应特别注意禁止任何脏物进入液力耦合器内。将敞开的液力耦合器油箱用防水油布盖好，如有必要，可将箱盖盖到箱体上并封住轴端。

保护拆卸下的部件、组件、附件和打开的齿轮式变速液力耦合器免受污染，并用防水油布覆盖。

检修时注意事项：

（1）若单个调换齿轮级轴上的大齿轮或小齿轮，会发生人身设备事故。为达到最佳接触形式、最佳齿隙和运行平稳性，各齿轮级的齿轮是配对齿轮，并与轴一起校验平衡。只允许与相同齿轮类型的液力耦合器的成套齿轮连同相关部件一起进行互换。

（2）主涡轮和壳相互平衡，并且周围附有标记。要观测在装配期间，标记务必正好相对。

（3）液力耦合器旋转部件上的所有螺栓都需经过称重并以颜色标记，并要防止互相交换使用这些经过标记的螺栓。

第四节　高压加热器

高压加热器的作用是利用汽轮机的抽汽来加热锅炉给水，保证给水达到所要求的温度，从而提高电厂热效率和保证机组出力。给水回热加热的意义在于采用给水回热以后，减少了进入凝汽器的排汽量，降低了汽轮机冷源损失；另一方面，使工质在锅炉内的平均吸热温度提高，提高了锅炉给水温度，提高汽轮机循环的热效率。高压加热器由水室、管束和外壳组成，管子同外管板采用胀接和焊接，并采用高压加热器大旁路系统。

一、结构及原理

为更有效地利用抽汽的过热度，加强对疏水的冷却，高参数大容量机组的高压加热器把传热面分为蒸汽冷却段、凝结段和疏水冷却段三部分。蒸汽冷却段又称为内置式蒸汽冷却器，它利用蒸汽的过热度，在蒸汽状态不变的条件下加热给水，以减小加热器内的换热端差，提高热效率。疏水冷却段又称为内置式疏水冷却器，它利用刚进入加热器的低温水来冷却疏水，既可以减少本级抽汽量，又防止了本级疏水在通往下一级加热器的管道内发生汽化，排挤下一级抽汽，增加冷源损失。

高压加热器结构简图如图 5-6 所示。

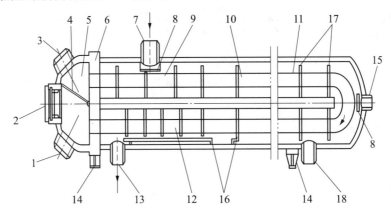

图 5-6　高压加热器结构简图

1—给水入口；2—人孔；3—给水出口；4—水室分流隔板；5—水室；6—管板；7—蒸汽入口；
8—防冲板；9—过热蒸汽冷却段；10—凝结段；11—管束；12—疏水冷却段；13—正常疏水；
14—支座；15—上级疏水入口；16—疏水冷却段密封件；17—管子支撑板；18—事故疏水

为更有效地利用抽汽的过热度，加强对疏水的冷却，高参数大容量机组的高压加热器把传热面分为蒸汽冷却段、凝结段和疏水冷却段三部分。蒸汽冷却段又称为内置式蒸汽冷却器，它利用蒸汽的过热度，在蒸汽状态不变的条件下加热给水，以减小加热器内的换热端差，提高热效率。疏水冷却段又称为内置式疏水冷却器，它利用刚进入加热器的低温水来冷却疏水，既可以减少本级抽汽量，又防止了本级疏水在通往下一级加热器的管道内发生汽化，排挤下一级抽汽，增加冷源损失。

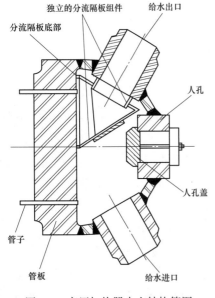

图 5-7　高压加热器水室结构简图

1. 水室

水室为半球形封头加自紧密封人孔结构，水室结构如图 5-7 所示。水室内部装有二行程的隔板、给水进口端的换热管装有不锈钢防磨套管。水室人孔采用高压人孔自紧密封结构，密封可靠，人孔盖的拆除和安装有一套专用工具，图 5-8 所示为高压加热器水室人孔盖拆装专用工具。

2. 壳体

壳体由筒节、筒身、封头和若干个管接头组成，主要受压元件材料选用优质 15CrMoR 和 20R、16MnR 钢板，主要接管与筒身、筒节的焊接结构均采用双面焊全焊透形式，壳体开孔均采用厚壁管整体补强。为了便于壳体拆移，还安装了吊耳及壳体滚轮，使壳体在运行时能自由膨胀。

3. 隔板

钢制隔板沿着长度方向布置，这些隔板支撑着管束并引导蒸汽沿着管束按 90°转折流过管子，隔板又借助拉杆和定距管固定。

4. 防冲板

防冲板布置在壳体进汽口处，它可使壳侧疏水和蒸汽不直接冲刷管束，以免管子受冲蚀。

5. 传热面

加热器的受热面由管板和 U 形管束组成。给水由进口连接管进入水室，流过 U 管束与管束外的蒸汽对流换热后，进入水室出口侧，通过出水管流出。加热蒸汽在管束外放热凝结后疏水经疏水装置进入下一级加热器。（汇集在 3 号高压加热器的疏水则排到除氧器）

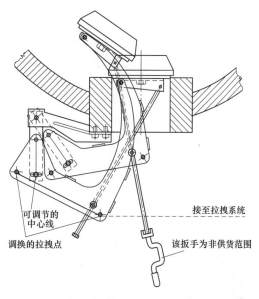

图 5-8　高压加热器水室人孔盖拆卸装置

6. 高压加热器三段式布置

为充分利用加热蒸汽的过热度及降低疏水的出水温度，提高热经济性，高压加热器内设有过热蒸汽冷段、凝结段、疏水冷却段。

过热蒸汽冷却段布置在给水出口流程侧，它利用具有一定过热度的加热蒸汽进一步加热较高温度的给水，给水吸收了蒸汽过热部分的热量，其温度可接近或等于、甚至超过加热蒸汽压力下的饱和温度（传热端差可降为负值）。该受热面用壳板、套管和遮热板封闭起来，这不仅使该段与加热器主要汽侧部分形成内部隔离，而且避免过热蒸汽与管板、壳体等直接接触，有利于保护管板和壳体。为防止过热蒸汽对管束的直接冲刷，在该段蒸汽进口处还设有防冲板。蒸汽进入该段后，在一组隔板的导向下，以适当的速度均匀地流过管束。在蒸汽离开该段时，留有一定的过热度，以防止湿蒸汽对管束的冲蚀和水蚀。

凝结段是利用蒸汽凝结时放出的热量加热给水的。进入该段的蒸汽，根据流体冷却原理、自动平衡，直到由饱和蒸汽冷凝为饱和的凝结水（疏水），并汇集到加热器尾部或底部，然后流向疏水冷却段。

疏水冷却段是把离开凝结段的疏水热量传给进入加热器的给水，从而使疏水温度降到饱和温度以下，疏水冷却段位于给水进口流程侧，并由包壳密闭。疏水温度降低后，当流向下一级压力较低的加热器时，消弱了管内发生汽化的趋势。管板和吸入口（疏水冷却段进口）保持一定的疏水水位，使该段密封。管板的作用是防止凝结段的蒸汽进入疏水冷却段。疏水进入该段后，在一组隔板的引导下弯曲流动，然后从疏出口流出，如图 5-9所示。

7. 安全附件

安全附件包括汽侧安全阀、水侧安全阀及疏水水位调节等装置。

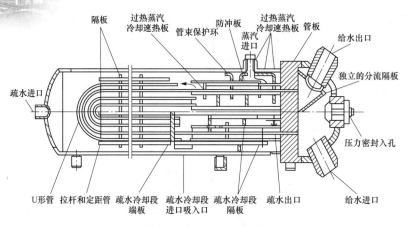

图 5-9　高压加热器结构

二、检修及技术要点

检修高压加热器的目的是拆开人孔清扫检查水室、汽侧打压试验、水位计浮子检查等，作业前检查汽、水已泄压方可开始检修工作，清扫拆除人孔盖的双头螺柱和压板。

进行管束查漏试验工作：（汽侧灌水及使用压缩空气）下面仅介绍使用压缩空气的方法。

（1）关闭汽侧与系统相连接的所有阀门。

（2）将压缩空气管路与汽侧充氮管连接。

（3）安装相应的压力表计，并通过汽侧充氮门控制进入汽侧的压缩空气压力。

（4）气压控制在 0.3MPa，保持 30min 气压应无变化。

（5）若气压发生变化时，可在管板处涂抹肥皂水检查具体泄漏管束。

（6）由于管子是焊接在管板上的，故将泄漏 U 形管两个管口的原来焊缝磨光，然后清理被堵处管板和孔，准备好专用堵头和压入工具。

（7）在焊接前，应将焊接部位预热至 65℃，以除去潮气。

（8）压入外端打有 $\phi 6 \times 20mm$ 沉孔的堵头。

（9）用 J506 焊条进行焊接。

（10）重新打压检查管束是否有泄漏情况。

（11）如在检查过程中发现泄漏量较小，则说明仅是管板与管子之间焊缝处泄漏。

（12）则先用小尖铲将焊缝上的焊肉除去，使漏泄点露出，然后除去杂物，用带小圆头扁铲锤击漏泄点，并开出 V 型或 U 型坡口。

（13）将焊接区域预热至 120℃ 左右，然后，使用 $\phi 2.5mm$ 结 506 焊条进行焊接。每焊一层，应跟踪锤击一遍以释放应力。

第五节　除　氧　器

如果锅炉给水中含有氧气，将会使给水管道、锅炉设备及汽轮机通流部分遭受腐蚀，缩短设备的寿命。除氧器的主要作用就是从锅炉给水中除去溶氧和其他不凝结的气体，以尽量避免设备的腐蚀和保证换热效果；用抽汽和其他方面的余汽、疏水等，将锅炉给水加热至除氧装置运行压力下的饱和温度，从而提高机组的热经济性；将符合含氧标准的饱和水，储存在除氧水箱中，随时满足锅炉的需要。

一、结构及原理

除氧器的工作原理是把压力稳定的蒸汽通入除氧器加热给水，在加热过程中，水面上水蒸气的分压力逐渐增加，而其他气体的分压力逐渐降低，水中的气体就不断地分离析出。当水被加热到除氧器压力下的饱和温度时，水面上的空间全部被水蒸气充满，各种气体的分压力趋于零，此时水中的氧气及其他气体即被除去。除氧器工作原理简图如图 5-10 所示。

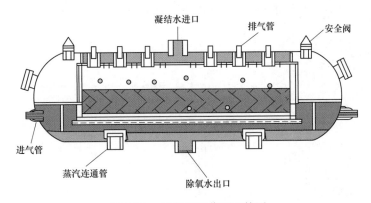

图 5-10　除氧器工作原理简图

根据水在除氧器内流动的形式不同，除氧器的形式可分为水膜式、淋水盘式、喷雾式、喷雾填料式等。水膜式除氧器由于处理水质较差，目前电厂内已不再采用。使用较为普遍的淋水盘式、喷雾式、喷雾填料式三种类型除氧器。

1. 淋水盘式除氧器

淋水盘式除氧器的结构如图 5-11 所示，除氧器的除氧塔内上方装置有环形配水槽 1，配水槽下面装有若干层交替放置的筛盘 2，塔下面是加热蒸汽分配箱。

在淋水盘式加热器中，要除氧的水（主凝结水、化学补水、疏水等）由塔上部进入管分别进入配水槽中，然后从配水槽落入下部筛盘，每层筛盘与水层厚度约 100mm，筛盘低有若干个直径为 4～6mm 的孔把水分为细流，形成淋雨式的水柱。加热蒸汽由塔下送入，经蒸汽分配箱沿筛盘交替构成的蒸汽通道

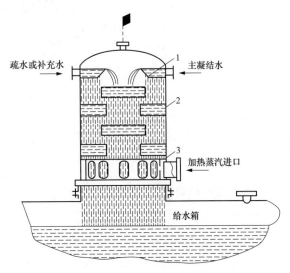

图 5-11　淋水盘式除氧器
1—配水槽；2—筛盘；3—蒸汽分配箱

上升，在上升途中对除氧器水加热，其绝大部分凝结成水，与除氧水一同落入给水箱，余下少量未凝结蒸汽和分离出的气体，从塔顶端排气门排出。

2. 喷雾式除氧器

喷雾式除氧器的工作过程：主凝结水分两路由进水管 3 进入除氧塔，塔内每根凝结水管上装有 21 个喷嘴，每个喷嘴的进水压力为 0.1MPa，喷水量为 2t/h，加热蒸汽分两路，一路由除氧器塔的中部进汽管 6 进入，在汽室 2 中对喷嘴喷出的雾状水珠进行第一次加热，其本身大部分凝结成水与除氧水一起落入蒸汽喷盘 7 中。另一路由除氧器下部进汽管 4 中进入，在蒸汽压力作用下，把被弹簧力压在出汽管口的蒸汽喷盘 7 顶开。蒸汽从顶开的缝隙中以很高的速度喷出，同时以自己的动能将落入盘内的水冲散与周围空间，对水进行二次加热。在除氧塔下空间 9 中，未凝结水的蒸汽与分离出来的气体沿锥形筒 5 和夹层 11 上升至除氧塔头部，对雾状水珠再次加热，分离出的气体与少量蒸汽由塔顶排气管排出。

喷雾式除氧器的结构如图 5-12 所示。

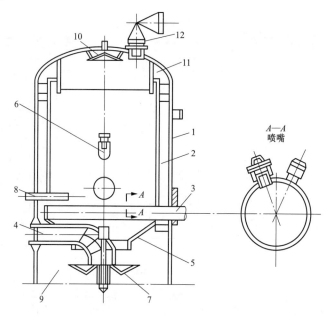

图 5-12　喷雾式除氧器

1—外壳；2—汽室筒壁；3—进水管；4—下部进汽管；5—锥形桶；6—中部进汽管；7—蒸汽喷盘；
8—高压加热器疏水管；9—除氧塔下部空间；10—锥形挡板；11—汽室筒与外壳夹层；12—安全阀

3. 喷雾填料式除氧器

目前，喷雾填料式除氧器正广泛地应用于大中型机组中。喷雾填料式除氧器的结构如图 5-13 所示，除氧水首先进入中心管，再由中心管流入环形配水管 2，在环形配水管上装有若干恒速弹簧 3，经向上的双流喷嘴把水喷成雾状。加热蒸汽管 1 由除氧塔顶部进入喷雾层，喷出的蒸汽对雾状水珠进行第一次加热，由于汽水间传热表面积增大，水可很快被加热到除氧器压力下的饱和温度，由于水中溶解的气体有 80%～90% 时就以小气泡逸出，进行第一阶段除氧。在喷雾层除氧后，采用辅助除氧措施，增加填料 13 进行第二阶段除氧。即在喷雾层下边安装一些固定填料（如 Ω 型不锈钢片、小瓷环、塑料波纹板、不锈钢车花等），使经过一次除氧的水在填料层上形成水膜，水的表面张力减少，于是残留的10％～20％气体便扩散到水的表面，然后被除氧塔下部向上流动的二次加热蒸汽带走。分离出的气体与少量蒸汽（为加热蒸汽量的 3％～5％）由塔顶排气管 17 排出。

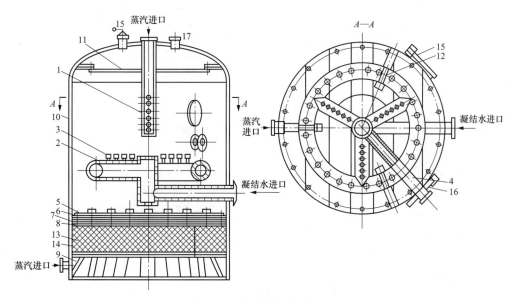

图 5-13　喷雾填料式除氧器

1—加热蒸汽管；2—环形配水管；3—喷嘴；4—高压加热器疏水进水管；5—淋水区；
6，8—支撑卷；7—滤板；9—进汽室；10—筒身；11—挡水板；12—吊盘；13—不锈钢 Ω 型填料；
14—滤网；15—弹簧式安全阀；16—人孔；17—排气管

以上海动力设备有限公司生产的 GC-2008 型除氧器为例，GC-2008 型除氧器为内置式除氧器，由圆柱体筒体和两个封头组成卧式容器。采用两个鞍式支座，其中一个为滚轮式滑动支座，支座间距为 9m。筒体一端的上部布置了一个凝结水进口管，其内安装一个恒速蝶形喷嘴。三个出口管布置在筒体的另一端，出水管上设置了不锈钢防旋即防止杂物的装置，内件主要由置于水下的蒸汽排管装置、喷嘴雾化区设置的挡水圈及大、小挡水板等组成，有两个供检修用的人孔装置。

除氧器分喷雾除氧段、深度除氧两段除氧。凝结水通过进水集箱分水管进入除氧器的两个单独凝结进水室，凝结水呈一圆锥形水膜进入喷雾除氧段，与过热蒸汽充分接触迅速升高到除氧器压力下的饱和点，绝大部分非冷凝气体在此除去，然后凝结水喷洒在淋水盘箱上的布水槽钢中，将水均匀分配给淋水盘箱，使凝结水在淋水盘中有足够的停留时间与过热蒸汽接触，使汽水热交换面积达到最大值，经淋水盘的凝结水不断再沸腾，将剩余的不凝结气体进一步被除去，使凝结水中的含氧量达到锅炉给水标准要求，非凝结气体上升除氧器上部设置的排气管排向大气，除氧水从出口管流入除氧水箱，以满足锅炉随时对给水的需要。

GC-2008 型除氧器设备参数见表 5-1。

表 5-1   GC-2008 型除氧器及水箱技术参数

项目	单位	除氧器	除氧器水箱
型号		GC-2008	GS-265
型式		喷嘴淋水盘式	
运行方式		定压、滑压（滑压范围：0.049～1.1MPa）	
设计压力	MPa	1.37	1.37
试验压力	MPa	2.0	2.06
设计温度	℃	350	343
工作压力（最高）	MPa	1.1	1.15
工作温度（最高）	℃	350	343
额定出力	t/h	2008	
给水温度	℃		184.5
有效容积	m³		265
设备外径、壁厚	mm	2914×28	3664×32
设备总长	mm	12 373	32 964
出水含氧量	μg/L	≤7	
安全阀整定压力	MPa	1.350	
安全阀排放压力	MPa	1.390	
安全阀回座压力	MPa	1.215	

二、检修及关键技术

（1）打开水箱人孔进入水箱，将给水泵下降管用盖板盖好，将水箱内部清理干净，检查内部的腐蚀情况，清除锈垢，检查内部管座、加强筋等焊缝是否有裂纹、腐蚀情况，水位管检查、疏通，清理锈垢。缺陷处理完后，除氧水箱内部必须彻底清扫干净，拆除给水泵下降管盖板，不留异物。

（2）水位计水位显示正确，上下连通口畅通且管座焊口无裂纹；保护罩完好，支吊架固定可靠。

（3）除氧水箱支座检查。

1）支座滚子灵活无卡涩。

2）滚柱应平行无弯曲，滚柱表面应平整无毛刺和焊渣。

3）滚子与支座接触均匀，密实、无脱空现象。

（4）恒速喷嘴检修。

1）恒速弹簧喷嘴的检修。

2）在各喷嘴及水室法兰上打好记号。

3）松开喷嘴的连接螺栓（如螺栓点焊，可将螺栓割掉），按顺序将喷嘴拆下且安放好。

4）测量喷嘴的原始高度，并做好记录。

5）将喷嘴解体、按顺序放好，不得互换。

6）清理各部锈垢，并擦拭干净。

7）拆下垫片，清理接合面。

8）检查各部有无冲蚀、麻点，裂纹等缺陷，并根据情况修复。

9）检查喷嘴的接合面冲蚀情况和是否有沟槽，并进行研磨。缺陷严重应更换新的。

10）检查消缺后，进行喷嘴组装。

 思 考 题

1. 电厂给水系统的作用是什么，主要包括哪些设备？

2. 给水泵的驱动形式有哪几种，如何调节给水泵转速？

3. 给水泵设置前置泵的作用是什么？

4. 如何进行泵轴校直？

5. 液力耦合器的作用是什么，工作原理是什么？

6. 液力耦合器检修有哪些注意事项？

7. 高压加热器的作用是什么？

8. 高压加热器的传热面分为哪几部分？

9. 除氧器的作用是什么？

10. 较为常用的除氧器分类有哪几种？

第六章

循 环 水 系 统

凝汽式发电厂中，汽轮机的排汽是依靠循环水来进行冷却的。为了使汽轮机的排汽凝钻，凝汽器需要大量的循环冷却水。除此以外，发电厂中还有许多转动机械因轴承摩擦而产生大量热量，发电厂和各种电动机运行因存在铁损和铜损也会产生大量的热量。这些热量如果不及时排出，积聚在设备内部，将会引起设备超温甚至损坏。所以，为确保设备的安全运行，电厂中应设有完备的循环水系统，对这些设备进行冷却。

循环水系统是由与循环水相关的设备、管道及附件所组成的系统。该系统所包括的设备主要有循环水泵、冷却塔等。

循环水按供水方式可分为直流供水和循环供水两种方式。

(1) 直流供水（也称开式供水）。直流供水方式通常是循环水泵直接从江河的上游取水，经过凝汽器吸热后排入江河的下游，也就是说冷却水只使用一次即排出。

(2) 循环供水（也称闭式供水）。循环供水方式是在电厂所在地水源不充足或水源距离电厂较远时采用，它必须建有冷却塔、冷水池、喷水池等。循环水泵从这些冷却设备的集水井中汲水，经凝汽器吸热后再送进冷却设备中，利用水蒸发降温原理，使水降温后再送入凝汽器循环使用。

本章主要介绍循环供水的循环水系统。

第一节 冷 却 塔

一、概述

冷却塔是将循环冷却水在其中喷淋，使之与空气直接接触，通过蒸发和对流把携带的热量散发到大气中去的冷却装置。冷却塔的作用是将挟带热量的冷却水在塔内与空气进行换热，使热量传输给空气并散入大气。

根据冷却塔中冷却水与汽轮机乏汽的换热方式可将冷却塔分为两类。

(1) 湿式冷却塔。流过水表面的空气与水直接接触，通过接触传热和蒸发散热，把水中的热量传输给空气。用这种方式冷却的称为湿式冷却塔。

(2) 干式冷却塔。缺水地区或在补充水有困难的情况下，也可采用干式冷却塔。干式冷却塔中空气与水的换热是通过由金属管组成的散热器表面传热，将管内水的热量传输给散热器外流动的空气。

本章主要介绍干式冷却塔。

二、结构及原理

湿式冷却塔主要由塔体、主分配水槽、集水池、竖井、上水管及阀门、水沟网箅，喷溅装置、除水器、填料等构成。湿式冷却塔内部结构示意图如图 6-1 所示。

湿式冷却塔的外形一般设计成双曲线结构，这样设计主要考虑两方面的因素。

（1）提高冷却的效率。湿式冷却塔底部有最大的圆周，可以最大限度地进入冷空气，冷空气到达最细部位时，接触热水，这时首先由于管径变小，空气流速加快，可以尽快带走热水中的热量；其次由于管径变小，冷空气的体积也受到压缩，故压力也有增加，而压力增加则流体的含热

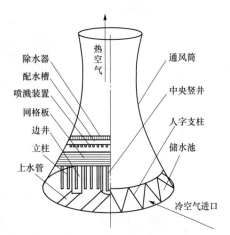

图 6-1 湿式冷却塔内部结构示意图

能力会随之增加，于是在细腰部冷空气可以最大限度吸收热水的热量，从而使热水冷却。到了最上部，管径再次扩大，已携带了大量热量的空气由于速度减慢，压力减小，又将所含的热量释放出来形成白色的水蒸气。

（2）修建双曲冷却塔也是出于对成本控制的考虑。冷却塔的单叶双曲面是一种直纹曲面，这一点可以形象化地简单理解为把一根直线绕着与它异面的一个轴旋转，这个直线划过的曲面就是一个单叶双曲面。一个建筑如果采用单叶双曲面的造型，那么它的主体可以只由直的钢梁来建造。而生产直的大型钢梁成本远低于生产弯曲的大型钢梁，同时安装和运输也更方便。这样既可以减少风的阻力，又可以用最少的材料来维持结构的完整性。

循环水在凝汽器中经过热交换后温度升高，通过上水管道、竖井到主水槽，分配到分水槽、配水槽，再由喷嘴喷洒，向下喷洒的高温水与向上流动低温空气相接触，产生接触传热，同时，还会因为水的蒸发产生蒸发传热，热水表面的水分子不断转化为水蒸气，在该过程中，从热水中吸收热量，使水得到冷却。填料的作用是增大水与空气的接触面积，增长接触时间，故要求填料的亲水性强，通风阻力小。除水器的作用是分离排出空气中的水滴，减少水量损失，消除飘滴对周围环境的影响。

湿式冷却塔的工作原理为：空气从进风口进入塔体。穿过填料下的雨区，和热水流动成相反方向流过填料（故称逆流式），塔外冷空气进入冷却塔后，吸收由热水蒸发和接触散失的热量，温度增加，湿度变大，密度变小。而塔外空气温度低、湿度小、密度大。由于塔内、外空气密度差异，在进风口内外产生压差，致使塔外空气源源不断地流进塔内。

热的循环水由上水管道通过竖井送入热水分配系统。这种分配系统在平面上呈网状布置、槽式布水。水塔内的水槽配水示意图如图 6-2 所示。

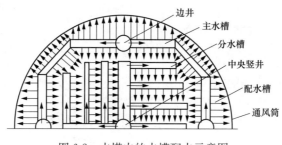

图 6-2　水塔内的水槽配水示意图

第二节　循　环　水　泵

循环水泵是汽轮发电机组的重要辅机，失去循环水，汽轮机就不能继续运行。在凝汽式电厂中，循环水泵的耗电量占厂用电的 10%～25%。机组启动时，循环水泵总是最早启动，最先建立循环水系统。循环水泵的作用是将大量的循环水输送到凝汽器中去冷却汽轮机的排汽，使之凝结成水，并保持凝汽器的高度真空。

一、循环水泵类别

循环水泵主要分为轴流泵、混流泵（也称斜流泵）和离心泵三大类。在开式供水系统中，水泵的总扬程只需克服自取水点到凝汽器的自然落差和凝汽器及循环水管的管道阻力即可，因而在开式供水系统中可采用轴流泵、混流泵和离心泵；在闭式供水系统中，泵的总扬程除克服凝汽器和管道阻力外，还须满足冷却塔淋水装置的高差，因而在闭式供水系统中，过去绝大多数使用离心泵，但离心泵及轴流泵作为循环水泵使用存在许多弊端。下面就这三种类型的循环水泵进行简单比较。

（1）离心式循环水泵。目前，在循环水系统中很少应用离心泵作为循环水泵，其主要原因是：

1）对于大型机组而言，随着离心式循环水泵流量的增大，叶轮流道内容易产生涡流，从而使泵的效率急剧下降。

2）在大流量或水位变化较大时，泵工作不稳定，容易产生汽蚀。

3）占地面积大，不仅增加了厂房建造投资，而且在启动前要预先抽真空或灌水，操作不方便。

（2）轴流式循环水泵。轴流式循环水泵具有流量大、扬程低和效率高的优点，特别是立式轴流式循环水泵应用较为广泛。但轴流式循环水泵也存在以下的一些缺点，限制了其使用范围。

1）对于不可调叶片的轴流式循环水泵，其工作的最佳工况范围很窄，一旦运行中偏离最佳工况，效率会迅速下降。

2）轴流式循环水泵随着水量的减少其功率急速上升，常使电动机因过载而损坏。

3）轴流式循环水泵运行可靠性较差。

（3）混流式循环水泵。混流式循环水泵是介于离心泵和轴流泵之间的一种循环水泵。为了克服上述两种水泵的缺点，混流式循环水泵叶轮出口边设计成倾斜式，这样可以保持流线的均匀，不致在流道内产生涡流现象。另外，混流式循环水泵具有流量大、扬程高、抗汽蚀性能好、结构简单、布置方便等优点，因此在目前的大机组中获得广泛应用。

二、混流式循环水泵

混流式循环水泵以某电厂 600MW 机组配置的循环水泵为例，该循环水泵为湿井式、立式单基础、固定叶片、单级单吸、转于可抽出式混流系，型号为 88LKXA-34，型号意义如图 6-3 所示。

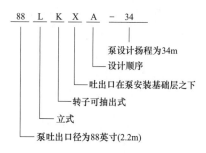

图 6-3　88LKXA-34 型循环水泵型号意义

88LKXA-34 型循环水泵的叶轮、轴及导叶为可抽式、固定式叶片，水泵的检修不必放空吸水池。泵轴承采用赛龙（Thordon）轴承（由三次交叉结晶热凝性树脂制造的聚合物，是一种非金属弹性材料）。赛龙轴承装于导叶体、轴承支架及填料函体的轴承部位上，泵内所有赛龙轴承用本身输送水润滑，轴承浸没在水中，并可更换，无须外接润滑水。循环水泵主要由吸入喇叭口、外接管（a、b、c、d）、泵安装垫板、泵支撑板、吐出弯管、电动机支座、叶轮室、叶轮、导叶体、导叶体头、内接管、上主轴、中主轴、下主轴、导流片、导流片接管、填料函体、填料压盖、轴套（上、中、下）、填料轴套、轴套螺母、导轴承、轴承支架、套筒联轴器部件、泵联轴器、电动机联轴器及轴端调整螺母等组成。循环水泵结构图如图 6-4 所示。

（1）吸入喇叭口。吸入喇叭口的作用是将吸水池中的液体均匀地导向叶轮，以减少泵的吸入水力损失。吸入喇叭口用螺柱、螺母连接于外接管。

（2）叶轮室。叶轮室用螺柱与导叶体连接，叶轮室套着叶轮。在叶轮室外圆周上有一个凸耳，卡在外接管 a 的配套凹槽中，以防止泵在运行中可抽部件的旋转。

（3）叶轮。叶轮为开式、单吸整体结构，叶轮用键连接在轴上，并用锁环和 4 组螺栓、弹簧垫圈定位在轴上。

（4）导叶体。导叶体将从叶轮中流出的水收集并经外接管导向吐出弯管，导叶体内装有两个赛龙轴承。

（5）轴套。上、中、下轴套及填料轴套是可以更换的。中、下轴套用键连接并用定位螺钉固定在下主轴和中主轴上。上轴套、填料轴套依次装在上主轴上，并用轴端螺母拧紧。在填料轴套与轴端螺母之间装有 O 形密封圈，以防液体沿上主轴表面渗漏。

（6）赛龙轴承。泵轴承采用赛龙（Thordon）轴承，无须外接润滑水。这充分考虑了循环水的水质，可以保证在高含沙量的运行水质条件下轴承不磨损、不腐蚀。

（7）润滑内接管。润滑内接管的主要作用是支撑轴承支架，内接管上开有孔，水可以通过孔进入管内对导叶体内的两个轴承进行润滑。

（8）轴。泵组有 3 根轴，它们将电动机的能量传递给叶轮，并将叶轮运动产生的轴向

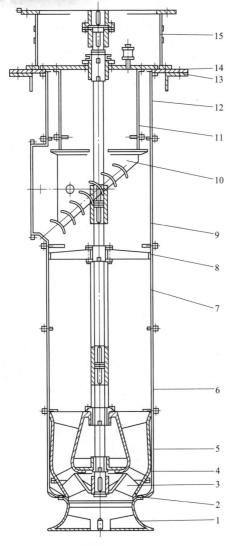

图 6-4　循环水泵结构

1—吸入喇叭口；2—叶轮室；3—叶轮；4—导叶体；
5、6、7、12—（a、b、c、d）外接管；8—轴承支架；
9—吐出弯管；10—导流片；11—导流片接管；
13—安装垫板；14—泵支撑板；15—电动机支座

力传给电动机轴承。

（9）吐出弯管。吐出弯管上设有标准的吐出法兰，以连接管路系统，导流片装在其内。

（10）外接管。外接管共有 4 件，它是泵的外壳，可支撑泵的可抽出部件。

（11）电动机支座。电动机支座是电动机的支撑件，其下法兰与泵支撑板连接，上法兰与电动机连接。

（12）填料函体。填料函体安装在泵盖板上，上赛龙轴承和 5 圈填料都在其内，填料则控制液体泄漏。

三、检修及技术要点

1. 检修技术关键点

（1）循环水泵轴弯曲测量。

（2）循环水泵导轴承和轴套配合间隙测量。

（3）循环水泵转子轴向位置定位。

（4）叶轮、泵轴表面宏观检查和着色探伤检查。

（5）出口导叶检查。

2. 解体检修主要检查内容

（1）泵组件的检查、更换和修理。

1）在对泵组件进行检查之前，应先全部清扫干净，见金属光泽。检查所有密封面有无裂纹、凹坑等情况。

2）所有的 O 形密封圈及盘根必须更换。台板水平检查，水平度偏差值小于 0.05mm/m。

3）可抽部件所有的法兰螺栓检查，是否腐蚀，否则应更换不锈钢螺栓。

（2）导轴承检查。

1）检查导轴承是否磨损，用外径千分尺、内径千分尺测量轴套与导轴承的配合间隙是否符合标准，磨损严重的导轴承需更换。

2）轴套、填料函体检查。

3）检查轴套的磨损，是否有裂纹，磨损严重及有裂纹的轴套应更换。轴套和填料函体的直径方向间隙最小为 1.0mm，最大为 2.0mm。

（3）导叶体及叶轮室检查。

1）检查导叶体是否有裂纹、腐蚀，法兰面是否有裂纹、凹坑等情况。

2）检查叶轮室是否有裂纹、磨损、腐蚀，法兰面是否有裂纹、凹坑等情况。

（4）叶轮检查。

检查叶轮有无腐蚀、裂纹及水流冲刷造成的较深沟痕；检查叶轮内径处有无因拆卸所产生的损伤，去除所有毛刺，打磨直至内孔光滑，测量检查内孔椭圆度<0.02mm。

（5）主轴检查。

1）检查泵轴表面有无裂纹及水流冲刷造成的较深沟痕，可以通过补焊修磨、电镀等方法进行修复。

2）采用金属探伤的方法检查轴内部有无缺陷。

3）轴弯曲测量，轴弯曲度小于或等于 0.05mm。轴颈的椭圆度和锥度不应超过 0.02mm。如果轴的弯曲度超过允许值则应更换新轴。

4）轴上的键槽与各个键的间隙应为 0~0.03mm。

 思考题

1. 电厂循环水系统的作用是什么？

2. 循环水按照供水方式分为哪几种？

3. 冷却塔的分类有哪几种？

4. 冷却塔为何要设置成双曲线结构？

5. 循环水泵分为哪几类，各有哪些特点？

6. 循环水泵型号 88LKXA-34 代表什么意义？

7. 立式循环水泵检修技术要点有哪些？

第七章

其 他 辅 助 水 泵

第一节 水 环 式 真 空 泵

对于凝汽式汽轮机组，需要在汽轮机的汽缸内和凝汽器（排汽装置）建立一定真空，正常运行时也需要不断地将不同途径漏入的不凝结气体从汽轮机及凝汽器内抽出。真空系统就是用来建立和维持汽轮机组低背压和凝汽器的真空。低压部分的轴封和低压加热器也依靠真空抽气系统的正常工作才能建立相应的负压和真空。

一、结构及原理

目前国内大部分电厂真空抽气系统采用的是水环式真空泵。水环式真空泵的主要部件是叶轮和壳体。叶轮由叶片和轮毂构成，叶片有径向平板式，也有前弯式（向叶轮旋转方向）。壳体内部形成一个圆柱体空间，叶轮偏心地装在这个空间内。同时，在壳体的适当位置上开设有吸气口和排气口。吸气口和排气口开设在叶轮侧面壳体的气体分配器上，从而形成吸气和排气的轴向通道。

壳体不仅为叶轮提供工作空间，更重要的作用是直接影响泵内工作介质（水）的运动，从而影响泵内能量的转换过程。

水环式真空泵工作之前，需要向泵内注入一定量的水，该部分水起着传递能量和密封的作用。当叶轮在电动机的驱动下转动时，水在叶片推动下获得圆周速度，由于离心力的作用，水向外运动，即水有离开叶轮轮毂流向壳体内表面的趋势，从而就在贴近壳体内表面处形成一个运动着的水环。由于叶轮与壳体是偏心的，因此水环内表面也与叶轮偏心。水环内表面、叶片表面、轮毂表面和壳体的两个侧盖表面围成了许多互不相通的小腔室。由于水环与叶轮偏心，因此处于不同位置的小腔室的容积是不相同的。小腔室随着叶轮的旋转，容积也不断变化。当小腔室容积由小变大时，小腔室与吸入的气体相通，就会不断地吸入气体。当这个腔室的容积由大变小时，小腔室封闭，这样，已经吸入的气体就会随着空间容积的减小而被压缩。气体被压缩到一定程度后，使该空间与排气口相通，即可排出已经被压缩的气体。

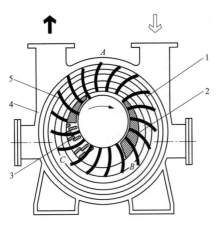

图 7-1 水环式真空泵原理图
1—水环；2—吸气口；3—排气口；
4—泵体；5—叶轮

水环式真空泵的工作原理如图 7-1 所示。

　　水环式真空泵主要由泵体、转子、分配板、阀板部件、轴封部件、侧盖、轴承、供水管路、轴封供水管路和自动排水阀等组成。其中，转子由叶轮及轴组成，分配板分为前、后分配板，分别装于泵体的两端。阀板部件由阻水板和柔性阀板组成，安装在分配板的排气口，具有自动调节排气角度的作用。

　　水环真空泵结构示意图如图 7-2 所示。

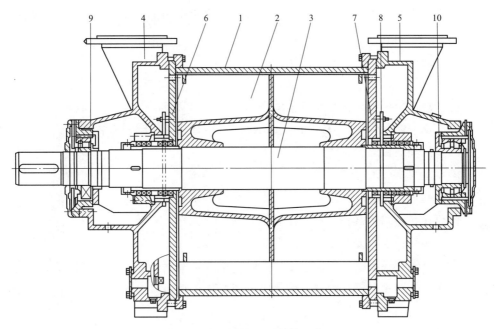

图 7-2　水环式真空泵结构示意图

1—泵体；2—叶轮；3—轴；4—前侧盖；5—后侧盖；6—前分配板；7—后分配板；
8—柔性阀板组件；9—前轴承部件；10—后轴承部件

二、检修及技术要点

1. 水环真空泵解体检修技术关键点

（1）解体过程中注意拆下中间联轴器后要校泵与电动机中心。

（2）解体过程中要注意测量轴承压盖端面至轴承外圈轴向间隙，自由端轴承拆下后注意不要随意沿轴向推动转子。

（3）转子吊出过程中要平稳，不要损伤轴颈。

（4）机械密封轴套拆出时，注意将轴颈清扫擦拭干净，要轻轻拉出避免损伤轴颈。

2. 水环真空泵解体

（1）拆除泵与电动机联轴器罩，复查中心。

（2）拆除真空泵驱动端与热交换器、汽水分离器连接的管道。

（3）拆卸驱动端、非驱动端四片检查孔盖板，对内部遮断板、伐片进行检查，用塞尺测量泵转子轴承的窜动间隙，做好记录。

（4）吊走电动机，加热拆去泵联轴器。分别从两端拆卸轴承体盖板连接螺栓，卸下盖板。分别拆卸轴承内圈定位圈的弹簧卡圈。松开两端轴承体内侧盖板与轴承体联接螺栓。拆下两端的轴承体，记录原先调整垫厚度，检查两端轴承磨损情况。

（5）用扒轮拆卸两端轴承（此次检修必须更换新轴承）。松开泵两端填料压盖螺栓，分别取出填料盒、平垫及填料，检查泵轴套。

（6）拆除真空泵两侧轴承架，松开与真空泵两侧端盖连接的所有管道的螺栓并拆除与之连接的管道，松开端盖与泵体连接的所有螺栓，将两侧端盖拆除，将转子沿非驱动端方向吊出泵筒。

（7）对泵筒进行清理，用着色探伤的方法检查泵筒、转子、叶轮有无裂纹、汽蚀、磨损等情况。

（8）打开汽水分离器人孔门，进行清理检查。拆卸泵自动补水、溢流阀进行检查。拆卸热交换器进出水端盖拆卸。泵入口止回门拆除，检查止回门阀板是否变形、磕碰管道的痕迹，止回门门柄压板螺栓有无松动。

3. 水环真空泵清扫、检查、测量

（1）检查叶轮、轴、两侧泵端盖、汽水分离器有无汽蚀、损伤，进行金属检查。

（2）检查叶轮、两侧盖板、轴承体腔室、轴、轴套有无磨损。

（3）检查两端轴承有无磨损。

（4）真空泵热交换器进行清理，逐片清理，检查交换器肋片腐蚀、破损情况，对肋片的密封条要保护好避免损坏。清理换热器过程中要将污水引入地沟，要做到场地干净。

（5）轴承体与轴承配合尺寸测量。

4. 水环真空泵回装

（1）用拆卸转子的方法将转动部件回装到泵筒内，并回装泵两侧端盖及端盖连接管道。

（2）回装两端轴封水封环、平垫、填料盒、填料压盖。

（3）将新轴承领会后进行清理检查，测量轴承径向游隙及与轴及轴承室的配合紧力。

（4）分别回装两端轴承体轴封圈、轴承内压板。回装两端轴承，待轴承冷却后，两侧均匀加润滑脂。

（5）回装两端轴承体。回装驱动端轴承体外压盖。将驱动端内压板与轴承体连接螺栓紧固。紧外压盖螺栓，将外压盖、轴承体固定在泵端盖轴承支架上。

（6）将自由端轴承内压板上弹簧装上，再旋紧压板与轴承体连接螺栓。

（7）在驱动端架上圆表，将泵转子调至分中位置。保持泵转子分中位置，测量自由端轴承体端面与泵端盖轴承支架端面的间距数值，按此数值调整泵转子分中调整垫。

（8）调整好垫后，旋紧轴承体与支架的连接螺栓。回装轴承体外压盖。根据自由端半侧复测泵转子分中尺寸。

（9）回装两端遮断板、柔性阀板。

（10）回装泵联轴器。将泵电动机回位，泵中心调整。

（11）对轮中心复查完毕后，回装联轴器连接套、传动柱销、联轴器罩。

（12）回装泵与热交换器、汽水分离器各个连接管路。泵两端轴封装填料，调整填料压盖适中紧度。回装泵自动补水、溢流阀。

（13）装热交换器进、出水端盖。回装真空泵入口止回门。整体再鉴定，电动机送电，真空泵试运 3h，记录试转中轴承振动、温度数值，声音情况，试运过程中密切观察盘根泄漏量，漏量应在 20 滴/min，根据泄漏量紧固盘根。

第二节　分段式多级离心泵

分段式多级离心泵为单吸多级、分段式结构，具有扬程高、效率高、性能范围广、运转安全和平稳、噪声低、寿命长、安装维修方便等特点。可供输送不含固体颗粒（磨料）、不含悬浮物的清水或物理化学性质类似于清水的其他液体之用。也可通过改变泵的材质（或泵过流部分的材质）、密封形式和增加冷却系统用于输送热水、油类、腐蚀性或含磨料的介质等。火力发电厂最典型的分段式多级离心泵为锅炉上水泵。

一、结构及原理

分段式多级离心泵由一个前段、一个后段和若干个中段组成，并用螺栓连接为一体，如图 7-3 所示。泵轴的两端用轴承支撑，泵轴中间装有若干个叶轮，叶轮与叶轮之间用轴套定位，每个叶轮的外缘都装有与其相对应的导轮，在中段隔板内孔中装有壳体密封环。叶轮一般是单吸的，吸

图 7-3　分段式多级离心泵外形

入口都朝向一边，按单吸叶轮入口方向将叶轮依次串联在轴上。为了平衡轴向力，在末级叶轮后面装有平衡盘，并用平衡管与前段相连通。其转子在工作时可以左右窜动，靠平衡盘自动将转子维持在平衡位置上。轴封装置对称布置在泵的前段和后段轴伸出部分。

分段式多级离心泵内部结构如图 7-4 所示。

二、检修及技术要点

（一）拆卸注意事项

（1）在开始拆卸以前，应将泵内介质排放彻底。

（2）在拆卸时，应将拆下的各段外壳、叶轮、键等零件按顺序排好、编号，不能弄乱，在回装时一般按原顺序回装。有些组合件可不拆的尽量不拆。

（3）零件应轻拿轻放，不能磕碰，不能摔伤，不能落地。

（4）在检修期间，为避免有人擅自合上电源开关或打开物料阀门而造成事故，可将电源开关上锁，并将物料管加上盲板。

（二）检修清扫

1. 叶轮检修

叶轮需要作公称尺寸、外观和静平衡检查。

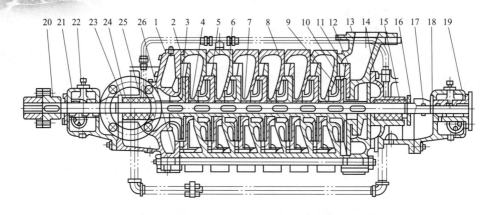

图 7-4 分段式多级离心泵内部结构

1—进水室；2—中断；3—叶轮；4—轴；5—导叶；6—密封环；7—叶轮挡套；8—导叶套；9—平衡盘；

10—平衡套；11—平衡环；12—出水段导叶；13—出水段；14—后盖；15—轴套乙；16—轴套锁紧螺母；

17—挡水圈；18—平衡盘指针；19—轴套乙部件；20—联轴器；21—轴套甲部件；22—油杯；

23—轴套甲；24—填料压盖；25—填料环；26—泵体拉紧螺母

（1）叶轮口环磨损的处理。叶轮口环磨损可以上车床对磨损部位进行车削，消除磨损痕迹，根据车削后的叶轮口环直径，加工新的圆环并打磨，与其相配，以保持原有间隙。

（2）叶轮腐蚀或汽蚀损坏的处理。当离心泵叶轮被腐蚀或汽蚀时，除了补焊修复外，还可用环氧胶黏结剂修补。

（3）叶轮与轴配合松动的处理。当叶轮与轴配合过松，可以在叶轮内孔镀铬后再磨削，或在叶轮内孔局部补焊后上车床车削。

（4）叶轮键槽与键配合松动的处理。当叶轮键槽与键配合过松时，在不影响强度的情况下，根据磨损情况适当加大键槽宽度，重新配键。在结构和受力允许时，也可在叶轮原键槽相隔 90°或 180°处重开键槽，并重新配键。

（5）对于修复叶轮或更换新叶轮，都要作静平衡试验，必要时作动平衡试验。

2. 轴套、平衡盘的检修

（1）轴套损坏处理。轴套是易损件，在轴套表面产生点蚀或磨损后，一般对轴套进行更换。

（2）平衡盘检修。多级离心泵平衡盘装置在装配和运转中常出现的问题是平衡盘与平衡环接触表面磨损，出现这种情况会使泵在运行过程中造成液体大量内泄漏，最终导致平衡盘失效，起不到平衡转子轴向力的作用，因此要对这种情况进行检查和处理。

检查平衡盘与平衡环两接触面接触情况时，先在平衡盘和平衡环两接触面的一个面上涂上薄薄一层红丹，然后进行对研，根据红丹接触面积大小，判断两接合面接触是否达到要求。一般两者之间接触面积应达 75％以上。若是轻微磨损，可在两接触面之间涂细研磨砂进行对研。如果磨损严重，则要上车床进行修复或更换。

平衡盘的工作原理是在多级泵最后一个叶轮后面装一个平衡盘，平衡盘的背面有空腔室与泵第一级吸入口相连通，如图 7-5 所示，平衡盘随转子一起旋转，末级叶轮后盖板压力 p_3 通过径向间隙 b_1 之后，压力下降为 p_4，又经轴向间隙 b_0 和 L_0 长的阻力损失，使压力降为 p_s，最后流向泵入口处。由于两侧存在着压力差 $p_4 - p_6$，就有一个向右方向的轴向力作用在平衡盘上，由于该力的大小可由压差 $p_4 - p_6$ 和平衡盘的截面积决定，其方向与泵入口方向相反，从而可以达到轴向力的平衡。这种轴向力的结构，能全部平衡叶轮产生的轴向力，所以这种结构的泵，一般可以不用推力轴承。

3. 转子径向跳动测量

多级离心泵转子是由许多零件套装在轴上，并用锁紧螺母固定。由此可知，转子各零件接触端面的误差（各端面不垂直的影响）都集中反映在转子上。如果转子各部位径向跳动值过大，则泵在运转中会比较容易产生摩擦。因此，多级离心泵在总装配前转子部件要进行小装。对小装后的转子要进行径向和端面圆跳动检查以消除超差因素，避免因误差积聚而导致总装时造成超差现象。

4. 离心泵壳体止口间隙测量

分段式多级离心泵的两个泵壳之间及单级泵托架和泵体之间都是止口配合的，如果止口间隙过大，会影响泵的转子和定子的同轴度，因此必须进行检查修复。检查两泵壳止口间隙的方法是将相邻两个泵壳叠起，在上面泵壳的上部放置一个磁性百分表座，夹上一个百分表，表头的触点与下泵壳的外圆接触，如图 7-6 所示。随后按图中箭头方向将上泵壳往复推动，百分表上的读数差就是止口之间的间隙。在相隔 $90°$ 的位置再测一次。一般止口间隙应为 $0.04 \sim 0.08\text{mm}$，如间隙大于 0.10mm 就需要进行修理。单级泵托架和泵体止口的检查修理与此方法相同。

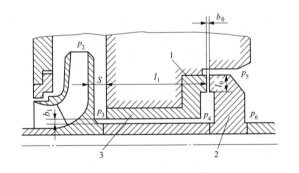

图 7-5 平衡盘装置

1—平衡板；2—平衡盘；3—平衡套

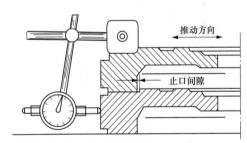

图 7-6 泵壳止口同轴度的检测

第三节 水平中开式离心泵

火力发电厂开式水泵和工业水泵均为水平中开式离心泵，工质为循环水，主要为冷却发电机氢气、冷却闭式水、冷却润滑油等提供冷却水，布置在汽机房 0m 地面基础上，轴端密封采用机械密封或盘根密封。

一、结构及原理

水平中开式离心泵内部结构如图 7-7 所示。

图 7-7　水平中开式离心泵内部结构

该泵的吸入口与吐出口均在水泵轴心线下方，水平方向与轴线成垂直位置、泵壳中开，检修时无须拆卸进水、排出管路及电动机（或其他原动机），从联轴器向泵的方向看去，水泵均为逆时针方向旋转。泵体与泵盖构成叶轮的工作室，在进出水法兰上设有安装真空表和压力表的管螺孔，进出水法兰的下部设有放水的管螺孔。

叶轮是冷装到轴上的，用轴套和两侧的轴套螺母固定，其轴向位置可以通过轴套螺母进行调整，叶轮的轴向力利用其叶片的对称布置达到平衡，可能还有一些剩余轴向力则由非驱动端两盘角接触轴承承受。此外还有驱动端一盘深沟球轴承来承受转子组件的质量。

相同型号给水泵的叶轮、转子和其他可拆卸的部件可互换。叶轮两侧均装设可拆卸的密封环，密封环的装配应确保密封环不发生转动，叶轮口环的硬度应比密封环的硬度明显大一些，从而可避免磨环的咬损。

二、检修及技术要点

（一）泵的解体

（1）拆下联轴器保护罩及地脚螺栓，取下联轴器保护罩。

（2）逐个松开联轴器螺栓，取下螺母，然后用细铜棒将联轴器螺栓轻轻敲出，带上螺母。

（3）松两端填料压盖的固定螺栓，退出压盖。先用松动液渗透泵盖螺栓，用扳手松开泵盖螺栓，取出定位销。

（4）拆下泵盖上放空气门及管路。

（5）灌水检查泵盖上两端填料密封水管路及阀门是否畅通，如有堵塞现象，可以用氧气或氮气吹通，不能吹通的要进行解体清理或更换。

（6）松前后轴承压盖螺栓，取下半圆形的轴承压盖。

（7）拴好钢丝绳，注意在钢丝绳与泵转子接触部位应垫上胶皮或破布，防止滑伤转子，用铜棒轻轻敲振或用撬棍轻撬转子及密封环，待转子活动后将转子平稳吊出，注意不要与其他部件碰磨。

（8）用拔轮器将泵的联轴器拔出，取下对轮键，保存。

（9）松开轴承体与轴承盖的固定螺栓，用铜棒将轴承体轻轻敲下。用勾扳手沿逆时针方向将驱动端轴承锁母退出，用铜棒将轴承敲下。依次取下驱动端轴承盖、轴承挡套、填料压盖、水封环、填料套和密封环，做好标记。

（10）用松动液渗透轴套锁母，用勾扳手沿顺时针方向松下轴套锁母。将轴套用铜棒敲下。

（11）根据检查情况确定，如不需更换泵轴和叶轮，可不必拆下叶轮；如需拆下，边加热边用铜棒将叶轮敲下，以免损伤泵轴或叶轮。取下叶轮键，保存。

（二）泵的回装

（1）回装叶轮键。在轴上叶轮处薄薄地涂上二硫化钼，将泵轴垂直竖立，用铜棒将叶轮从轴非驱动端轻轻敲打至叶轮键中央。注意叶轮转向不要装反。

（2）在轴套端面装上密封胶圈。回装两端轴套，带上轴套锁母。非驱动端轴套锁母逆时针旋向锁紧，驱动端顺时针旋向锁紧，紧力不必太大（后面调叶轮中心时还需松锁母）。

（3）在钢丝绳与泵转子接触部位垫上胶皮或破布，将转子吊至泵体上，注意不要碰磨。当转子即将到位时，将双吸密封环和填料套分别对正泵体密封槽及填料套定位凸肩，然后彻底落下转子，然后用铜棒将密封环和填料套轻轻敲击到位。

（4）将泵转子两端轻轻抬起，用百分表测量转子抬起高度，即叶轮与密封环的上部径向间隙，和前面测量的总径向间隙比较，通过对密封环接触面修刮或加垫的方法调整到上下径向间隙差≤0.10mm。将两端轴承压盖装上，紧死压盖螺栓。

（5）测量叶轮与双吸密封环的轴向间隙，叶轮两侧轴向间隙相差不超过0.20mm。采用松紧两端轴套锁母的方法将叶轮调整至泵体压出水室中央，紧死两端轴套锁母。

（6）检查转子应盘动灵活，无卡涩、摩擦。同时用塞尺测量叶轮四周密封间隙是否均匀，填料套和密封环处也要检查是否有摩擦，如有摩擦，就要调整，调整工作直到盘动转子轻快为止。

第四节　单级悬臂泵

悬臂式离心泵的泵轴一端在托架内用轴承支撑，另一端悬出称为悬臂端，在悬臂端装有叶轮，所以称为悬臂泵。在泵的叶轮上，一般钻有平衡孔以平衡轴向力。这种泵的优点是结构简单，工作可靠。缺点是处理机械密封、轴承时必须拆卸大盖，尤其是质量较大的悬臂泵检修相对麻烦。悬臂式离心泵常见的有单级单吸和两级单吸两种。单级指这种泵只有一个叶轮，单吸指水流只能从叶轮的一面进入，即只有一个吸入口。单级单吸悬臂泵一般为卧式。单级单吸悬臂式离心泵用途很广泛，一般流量在 5.5～300m³/h、扬程在 8～150m 范围内的工况，都采用这种泵。

一、结构及原理

单级悬臂泵主体结构如图 7-8 所示。

叶轮由轴带动高速转动，叶片间的液体也必须随着转动。在离心力的作用下，液体从叶轮中心被抛向外缘并获得能量，以高速离开叶轮外缘进入蜗形泵壳。在蜗壳中，液体由于流道的逐渐扩大而减速，又将部分动能转变为静压能，最后以较高的压力流入排出管道，送至需要场所。液体由叶轮中心流向外缘时，在叶轮中心形成了一定的真空，由于贮

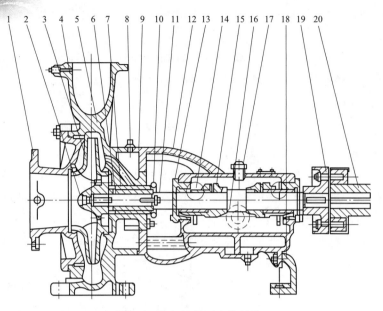

图 7-8　单级悬臂泵主体结构

1—泵盖；2—叶轮螺母；3—叶轮；4—泵体；5—密封环；6—轴套；7—支撑套；8—填料环；

9—填料；10—填料压盖；11—泵轴；12—托架；13—轴承；14—油环；15—止推盘；

16—油标；17—通气塞；18—支脚；19—泵联轴器；20—电动机联轴器

槽液面上方的压力大于泵入口处的压力，液体便被连续压入叶轮中。只要叶轮不断地转动，液体便会不断地被吸入和排出。

单级悬臂泵的特点如下：

（1）运行平稳：泵轴的绝对同心度及叶轮优异的动静平衡，保证平稳运行，减小振动。

（2）滴水不漏：不同材质的硬质合金密封，保证了不同介质输送均无泄漏。

（3）噪声低：两个低噪声的轴承支撑下的水泵，运转平稳，除电动机微弱声响，基本无噪声。

（4）故障率低：结构简单合理，关键部分采用国际一流品质配套，整机无故障，工作时间大大提高。

（5）维修方便：更换密封、轴承、简易方便。

（6）占地更省：出口可向左、向右、向上三个方向，便管道布置安装，节省空间。

二、检修及技术要点

（1）泵轴不应有腐蚀、裂纹等缺陷。

（2）检查轴颈的表面粗糙度：安装叶轮、轴套及装配联轴器处。

（3）以轴承轴颈为支撑点，用千分表检查装配叶轮、轴套、联轴器等轴颈部位的径向圆跳动，应不大于 0.03mm。

（4）键槽应无明显歪斜；键槽磨损后，可根据磨损情况适当加大，但最大只可按标准尺寸增大一级；结构和受力允许时，可在原键槽的 180°方向另加工键槽。

（5）叶轮表面、流道应清理干净，不能有粘砂、毛刺和杂物；叶轮与轴一般采用过渡配合；新装叶轮必须作过静平衡。

（6）机械密封：密封部位在安装时应保持清洁，密封零件应进行清洗，密封端面完好无损，防止杂质和灰尘带入密封部位；在安装过程中严禁碰击、敲打，以免使机械密封摩擦副破损而密封失效；安装时在与密封相接触的表面应涂一层清洁的机械油，以便能顺利安装；安装静环压盖时，拧紧螺栓必须受力均匀，保证静环端面与轴心线的垂直要求。

思考题

1. 水环式真空泵的作用是什么？
2. 水环式真空泵的工作原理是什么？
3. 简述分段式多级离心泵的基本结构。
4. 简述水平中开式离心泵的基本结构。
5. 水平中开式离心泵的轴向力如何平衡？
6. 单级悬臂式离心泵的结构特点是什么？
7. 单级悬臂式离心泵的检修技术要点有哪些？

第八章

空 冷 系 统

第一节 空 冷 系 统 概 述

发电厂空冷的意义就是直接或间接用环境空气来冷凝汽轮机的排汽，并采用翅片管式的空冷散热器。采用空冷技术的冷却系统称为空冷系统，采用空冷系统的汽轮发电机组简称空冷机组，而采用空冷系统的发电厂则称为空冷电厂。事实上，采用空冷机组主要是为了节约水资源。富煤缺水的地区尤其适宜建造空冷机组。

目前，用于发电厂的空冷系统主要有三种，即直接空冷系统、带表面式凝汽器的间接空冷系统和带喷射式（混合式）凝汽器的间接空冷系统。带表面式凝汽器的间接空冷系统又称为哈蒙式间接空冷系统；带喷射式（混合式）凝汽器的间接空冷系统又称为海勒式间接空冷系统。在我国现有的空冷机组中，200MW 空冷机组主要采用海勒式间接空冷系统；300MW 空冷机组主要采用哈蒙式间接空冷系统；600MW 空冷机组采用直接空冷系统。本章重点介绍 600MW 空冷机组直接空冷系统的相关内容。

一、直接空冷系统概述

直接空冷系统由空冷凝汽器、空冷风机、凝汽器抽真空系统及空冷散热器清洗系统等组成。汽轮机共有 2 个低压缸，每个低压缸各有 2 个排汽口。每个低压缸下方装设一个排汽装置，每个排汽装置出口经一根 DN6000mm 排汽主管道穿过汽轮机房外，每一排汽主管道上各安装有 2 个安全隔膜，两根排汽主管道之间有一 DN2200mm 的汽平衡管道。每一排汽主管道上升到 24m 高程后分为两条 DN4200mm 支管，每一支管上升到 45.0m 空冷平台上方时又分为两条 DN3000mm 蒸汽分配管，每一蒸汽分配管分别通过位于空冷平台上方 11.22m 处的入口蒸汽蝶阀进入相应空冷凝汽器蒸汽分配联箱，随着蒸汽分配进入各空冷凝汽器，该联箱管径逐渐由 DN3000mm 过渡到 DN2600mm 和 DN1600mm。

每台机组空冷平台上共安装有 56 组空冷凝汽器，分为 8 排冷却单元，每排有 7 组空冷凝汽器，其中第 2、第 6 组为逆流凝汽器，其余 5 组为顺流凝汽器。每组空冷凝汽器由12 个散热器管束组成，以接近 60°角组成等腰三角形 A 型结构，两侧分别布置 6 个散热器管束。散热器管束为单排扁平翅片管，采用镀铝防腐工艺处理。

顺流散热器管束是冷凝蒸汽的主要部分，逆流散热器管束主要是为了将系统内空气和不凝结气体排出，防止运行中在管束内部的某些部位形成死区，避免冬季形成冻结的情况。

每组空冷凝汽器下部设置 1 台轴流变频调速冷却风机，使空气流过散热器管束外表面将排汽凝结成水，流回到排汽装置水箱。风机由叶轮（轮毂和叶片）、风筒、减速器、电动机等部件组成。减速器安装在风机桥架的支板上，叶轮吊挂在减速器下端输出轴上，由减速器轴端挡板与螺栓将叶轮紧固。电动机安装在减速器上方通过联轴器与减速器输入轴相连，风机的变速依靠变频器来实现。风机叶片设计采用宽厚机翼翼形，材料为玻璃钢复合材料（FRP），具有强度高、质量轻、耐腐蚀等优点。迎气流看风机时，叶轮应顺时针方向旋转。变频调速具有超速 110％ 的能力。

抽空气管道接到每个冷却单元逆流空冷凝汽器的上部，运行中不断将空冷凝汽器中的空气和不凝结气体抽出，保持系统真空。整个空冷凝汽器及相关管道的容积约为 11 800m³。在三台真空泵全部投入的条件下，空冷凝汽器从当地大气压达到 35kPa 的时间应不超过 40min。

空冷散热翅片管束表面脏污、翅片堵塞杂物都会导致换热效果下降，进而影响机组出力带负荷，因此需要配备翅片管清洗系统。清洗采用主厂房除盐水来水，经 DN108×4mm 补水管道进入空冷岛电控室水泵间的 30m³ 水箱，冲洗水泵从水箱取水升压后将高压除盐水送入空冷平台冲洗装置对翅片管进行冲洗。

二、直接空冷凝汽器的作用

直接空冷技术的发展主要是围绕直接空冷凝汽器管束进行的。空冷凝汽器是空冷机组冷端的主要部分，汽轮机排汽将几乎全部在凝汽器中冷凝成冷凝水。汽轮机排出的蒸汽在凝汽器翅片管束内流动，空气在凝汽器翅片管外流动对蒸汽直接冷却。从提高冷却效率角度出发，一般在管束下面装有风扇机组进行强制通风或将管束建在自然通风塔内，在现有运行的机组中，强制通风方式由于其可调控性能较好等优点而广泛应用。

直接空冷凝汽器由于特点突出，已经逐渐在世界各国进行技术研究并逐步推广应用。由于间接空冷凝汽器系统相对于直接空冷凝汽器系统设备多、造价高、维修量大、运行难度大且可靠性较差，所以它将只是水冷凝汽器系统和直接空冷凝汽器系统之间的一个过渡，直接空冷凝汽器将是今后电厂冷却系统发展的重要方向。

三、直接空冷机组的优点

（一）耗水量小

在水冷凝汽器机组中，冷却塔的蒸发损失量很大，占全厂耗水量的 90％ 以上，直接空冷凝汽器采用空气冷却，减少中间的水冷过程。据统计，采用直接空冷凝汽器系统的机组比水冷凝汽器机组节水 70％ 以上。由于直接空冷的节水特性，在富煤而干旱缺水地区电站建设开辟了一条新道路。

（二）占地面积小

直接空冷凝汽器系统没有水冷凝汽器系统中的循环冷却水塔和循环水泵房，建在厂房外，利用厂房与升压站空间，因此，占地面积减少。

（三）较高的经济性

在水资源日益紧张、水价不断提高、环保要求等问题的日益突出，直接空冷系统在经济性方面的优越性也就更加突出。从投资角度看，直接空冷系统机组造价高，而且运行期间的热耗率较高，但是从长远利益考虑在富煤贫水地区建造电厂及运行所需的费用远比水源充足地区的煤炭运输费用低，并且节约大量的用水。因此，直接空冷系统的整体经济性将高于水冷机组，同时在节约大量用水的同时创造了更高的社会价值。

第二节　空冷系统的工作原理

一、直接空冷凝汽式机组的工艺流程

在空冷凝汽器中，从汽轮机低压缸尾部排出的蒸汽通过大口径的管道进入布置在主厂房 A 墙外的蒸汽分配管道，位于翅片管热交换器顶部的蒸汽分配管道将蒸汽均匀分配到各排热交换器，当蒸汽流过翅片管时，冷空气被大型风机吸入将蒸汽的热量带走，从而使蒸汽凝结汇集到凝结水箱，凝结水经过处理后回流到锅炉给水系统。直接空冷凝汽器流程图如图 8-1 所示。

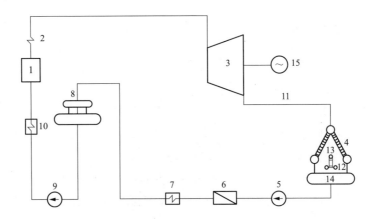

图 8-1　直接空冷凝气机组工艺流程图

1—锅炉；2—过热器；3—汽轮机；4—空冷凝汽器；5—凝结水泵；6—凝结水精处理装置；
7—低压加热器；8—除氧器；9—给水泵；10—高压加热器；11—排气管道；
12—轴流冷却风机；13—立式电动机；14—凝结水箱；15—发电机

二、直接空冷凝汽器的工作过程

由汽轮机低压缸或低压旁路排出的蒸汽在差压的作用下进入蒸汽分配管，首先进入顺流凝汽器管束，大约80％的蒸汽通过顺流冷凝管束（蒸汽和凝结水自上而下顺流）冷凝成凝结水，凝结水和部分未冷凝蒸汽及蒸汽携带的空气汇集到下部的凝结水联箱，剩余蒸汽（大约20％）又进入逆流冷凝管束的翅片管道，蒸汽通过逆流冷凝管束获得冷凝，凝结水向下流动返回凝结水联箱，而不可凝结的气体向上流动，在逆流冷凝管束顶部附近汇集，通过真空泵抽出排向大气；凝结水联箱内所有的凝结水在重力作用下通过喷嘴雾化后被排汽重新再热除氧并减小过冷度，最后回到汽轮机排汽装置，通过凝结水泵升压、回热系统加热后作为锅炉的主要补给水。

空冷凝汽器几乎都采用立式轴流风机。空冷风机安装在空冷凝气器的人字形斜顶式布置的换热面下方，空冷风机由变速电动机或配备减速机来驱动。空冷凝气器的换热面及空冷风机布置如图 8-2 所示。

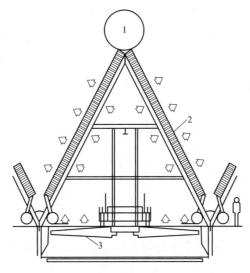

图 8-2　空冷凝气器换热面与空冷风机的布置
1—配气管；2—扇热翅片管束；3—轴流冷却风机

第三节　空冷减速机的检修过程与工艺

一、修前准备

（1）工器具准备：专用拆卸工具、专用起吊工具运至现场，将电焊机、氧气瓶、乙炔瓶运至现场。起吊用手拉链葫芦、钢丝绳等起重工具做好安全检查、试验合格，所用钢丝绳、吊环、卡环等吊索检验合格，并贴合格证。所用游标卡尺、游标深度尺、内外径千分尺经检验合格，并贴合格证。

（2）检修场地准备：在检修场地铺设零部件摆放用塑料布、胶皮垫，准备检修围栏及枕木。

（3）人力准备：对参加检修人员进行安全教育、技术培训，达到上岗条件。

（4）技术准备：检修作业文件包、检修记录、验收单等技术记录表单，并对参加检修人员进行全面技术交底。

（5）在对应空冷风机上、下隔栅板上铺设胶皮。

（6）需要检修的空冷风机停止运行并切断其电动机电源。通知电气专业人员拆掉电动机及加热器电源线。

二、空冷风机减速机的检修工艺

（一）减速机整体吊出

（1）用绳子把风机叶片固定牢固，在手动滑车上挂 3t 手拉链葫芦。

（2）用 36mm 扳手拆卸 8 个 M24 电动机与电动机架连接螺栓，并定置摆放。

（3）在立式电动机两侧吊环上绑扎 φ19mm 钢丝绳，起吊电动机，电动机背轮向下平稳摆放在风机冷却室内栅板枕木上。

（4）用 46mm 敲击扳手拆卸电动机架内侧下部 4 个 M30 螺栓，并定置摆放；用液压拉马器拆卸减速机高速轴联轴器。

（5）吊电动机机架，平稳摆放在风机冷却室栅板胶皮垫上。

（6）拆卸三路分配管、油脂帽并定置摆放。

（7）在减速机地脚底板上放 4 根 φ50mm×500mm 圆钢棒，把 φ26mm 短钢丝绳套一端套在钢棒上，穿过预先在减速机地脚底板上打好的 4 个 φ40 mm 孔，另一端挂 4 个 1t 手拉链葫芦。

（8）在风机叶轮轮盘 4 个起吊螺纹孔上，分别安装 4 个 M32 吊环，用 4 个 1t 手拉链葫芦吊钩吊住，并稍拉紧，使承力链条伸出长度均匀一致，并使手拉链葫芦轻微受力。

（9）拆出接油盒后拆除固定叶片的绳子。

（10）用 36mm 敲击扳手拆卸 4 个叶轮轮盘与减速机低速轴连接螺栓（M24），并定置摆放。

（11）拆下法兰，缓慢放松手拉链葫芦，使风机叶轮轮盘平稳落在预先铺好的枕木上。

（12）用 46mm 敲击扳手拆卸 4 个 M30 减速机地脚螺栓，并定置摆放。

（13）把 2 条 φ26mm 钢丝绳（对绳）穿过减速机吊耳，在 3t 手拉链葫芦配合下，先将减速机平稳吊至预先在风机冷却室内栅板上摆放好的枕木上，然后用风机冷却室外走廊上 5t 单轨吊车将减速机吊至室外。

（14）然后把减速机用 5t 单轨吊车由 45m 高程处吊至 0m。起吊过程中，在起吊孔处搭好坚固围栏，防止人员及工器具由 45m 高程处掉落至 0m。

（二）减速机的解体

（1）把减速机运至检修间，按运行位置（高速输入轴向上，低速输出轴向下）把减速机在枕木上垫好。

（2）在箱体上架百分表，测量杆垂直指向高速轴轴端面，用 M24 吊环把高速轴用手拉链葫芦吊起，测量高速轴轴向窜动间隙，做好记录。同样在箱体上架百分表，测量杆垂直指向低速输出轴端面，把低速输出轴用千斤顶顶起，测量低速输出轴轴向窜动间隙，做好记录。

（3）做好减速机高、中、低速齿轮轴各个轴承端盖在装相对位置记号，拆出减速机接合面和各个端盖的 M12 紧固螺栓，摆放在预先准备的零件架上。拆出高、中、低速齿轮轴轴承端盖，测量端盖压紧面与轴承外圈轴向间隙，并做好记录。

（4）用 24mm 梅花扳手拆卸 21 个减速箱端盖的 M16 螺栓，拆出 4 个 φ16 定位销，定置摆放。把减速箱端盖用 φ16mm 钢丝绳绑扎好，用 2t 手拉链葫芦吊住，手动手拉链葫芦暂不拉紧，拆出定位销，确认无漏拆的螺栓后，用顶丝顶起上盖 30mm，吊起上盖翻转，内部向上放于准备好的垫板上。

（5）将减速机箱体，拆除放油螺塞将油放入专用油桶内。

（6）减速机各级之间做好标记。按照由高速轴到低速轴的解体顺序，分别吊出减速机箱内各级齿轮，放在指定的垫板上。加热拆卸输出轴轴套并定置摆放。

空冷减速机结构如图 8-3 所示。

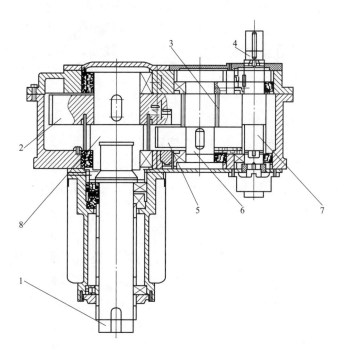

图 8-3　空冷减速机结构

1—低速输出轴；2—低速齿轮；3—中间传动小齿轮；4—高速输入轴；5—中间传动大齿轮；

6—中间传动齿轮轴；7—高速齿轮；8—低速齿轮轴

（三）箱盖及各附属机件的检修工艺

（1）检查箱盖和箱座接合面接触的严密性，用 0.05mm 塞尺塞入深度不小于接合面宽度的 1/3；涂红丹粉检查，每平方厘米接触面积内不少于 1 个接触点数。

（2）轴承孔中心线与剖面的位置度≤0.30mm。

（3）检查未注明的铸造圆角半径 $R=5\sim10$mm。检查未注明的倒角为 $2\times45°$。

（4）用轻柴油清洗箱体，用面团粘除杂物，清扫箱体与端盖密封面，除掉密封胶。

（5）用轻柴油清洗油封处油污，擦干，检查油封磨损情况，视情况更换新油封。

（6）检查分配器进出口管接头是否松动；检查分配管是否堵塞，否则应疏通；检查分配管是否损坏，否则更换新管。

（7）检查信号器是否漏油，否则应重新密封；如果输入轴轴承漏油且未去掉减速器存油盘的，用角磨机切除存油盘。

（8）检查减速器油泵应完好。

（9）联系化学专业人员检查检验减速器油箱内油质是否合格，若不合格，应更换新油。

151

（四）高、低速齿轮及中间传动齿轮的检修工艺

（1）外观检查。外观检查各轮齿是否有严重磨损、胶合、断齿、裂纹、剥皮、麻坑等情况。若有，需更换新齿轮。

（2）金属检验。应采用表面渗透探伤法（PT）对高、低速齿轮及中间传动齿轮进行金属检验，若发现有较大裂纹且不可修复，视情况更换新齿轮。

（3）外形尺寸测量。用外径千分尺测量高速齿轮轴轴颈、低速齿轮轴轴颈以及中间传动齿轮轴轴颈，看是否符合技术标准规定。若磨损量较大，则视情况配制新轴套或更换新轴。

（五）轴承检查

（1）轴承外观检查。检查轴承滚珠、滚道及珠架无裂纹、碰伤、麻坑、碰伤及磨损，珠架推动灵活，转动轴承无振感，否则应更换新轴承。

（2）新轴承游隙测量检查。用塞尺测量低速输出轴轴承 NEJ228EC、低速齿轮轴下轴承 32036、中间传动齿轮轴上轴承 30319 轴承游隙，看轴承游隙是否在技术标准范围内，否则予以调换直至合格为止。

（六）减速机分部回装

（1）轴承回装，首先将轴承内圈装入轴颈。外观检查各轴承无缺陷，并测量游隙合格，测量轴颈与轴承外圈配合符合技术标准后，用轴承加热器加热轴承，控制加热温度不超过 80℃。首先回装高速输入轴轴承 32314，注意应面对面或背靠背安装。然后分别装入中速齿轮轴轴承 SKF30319 和 32319、低速齿轮轴轴承 32230A 和 32036 以及 2 盘低速输出齿轮轴轴承 NEJ228EC 以及 1 盘推力轴承 29328E。

（2）在减速机下端盖内装入间距环，在与减速箱体接合面上涂适量密封胶，回装下端盖。分别将高速齿轮轴轴承 32314、中间传动齿轮轴下轴承 32319、低速齿轮轴下轴承 32036 轴承外圈装入箱体。技术要点，必须保证各轴承外圈安装到位，各轴向定位位置正确。

（3）吊入低速齿轮轴连同低速齿轮，吊入中间传动轴连同传动齿轮，吊入高速输入轴连同高速齿轮。

（4）齿侧间隙测量。首先将高速齿轮轴上轴承 32314、中间传动齿轮轴上轴承 30319、低速齿轮轴上轴承 32230 轴承外圈装入减速机箱体上端盖；用锂基润滑脂分别把 2 段直径为 0.50mm 的铅丝粘在高、低速齿轮及中间传动齿轮上，铅丝长度应不低于 5 个齿距。然后对正销钉孔及螺栓孔，装入镶好轴承外圈的箱体上端盖，打 4 个销钉，紧固一半螺栓，按转动方向盘动高、低速齿轮轴 90°，然后将上端盖揭开，测量铅丝厚度，取其平均值，看是否符合技术标准，若超标则视情况更换新齿轮。

（5）将高、中、低速各齿轮齿面清洗干净，对正销钉孔及螺栓孔，将镶好轴承外圈的箱体上端盖吊入，打上全部 4 个销钉，紧固全部 21 个 M16 螺栓。

（6）热装减速机输出轴轴套及轴承，待冷却后将输出轴连同轴承装入输出轴轴承箱体，对正低速齿轮轴花键键槽，然后把低速输出轴装入，连接输出轴轴承箱体与减速箱箱体连接螺栓并紧固，测量输出轴轴承外圈至轴承压盖轴向间隙，并按技术标准调整合格。

（7）测量高速轴、低速轴及中间传动轴轴承压盖至轴承外圈端面轴向间隙，并按技术标准调整合格。

（七）减速机整体回装

（1）将检修好的减速机吊运至空冷岛 45m 高程处，在廊道 5t 单轨吊车配合下，将减速机倒运至空冷风机室。对正地脚螺栓孔，缓慢用手拉链条葫芦将空冷减速机放至安装位置，用 46mm 敲击扳手紧固 4 个 M30 减速机地脚螺栓。按标准油位给减速机加入新油。

（2）再次在减速机地脚底板上放 4 根 $\phi50mm \times 500mm$ 圆钢棒，把 $\phi26mm$ 短钢丝绳套一端套在钢棒上，穿过预先在减速机地脚底板上打好的 4 个 $\phi40\,mm$ 孔，另一端挂 4 个 1t 手拉链条葫芦。

（3）在风机叶轮轮盘 4 个起吊螺纹孔上，分别安装 4 个 M32 吊环，用 4 个 1t 手拉链条葫芦吊钩吊住，并稍拉紧，使承力链条伸出长度均匀一致，并使手拉链条葫芦轻微受力。

（4）对正风机叶轮轮毂处键槽，缓慢拉动四个手拉链条葫芦，使减速机输出轴穿入风机叶轮里孔，用 36mm 敲击扳手紧固 4 个叶轮轮盘与输出轴连接螺栓。

（5）安装减速机高速轴联轴器，联轴器安装到位后用框式水平仪在联轴器端面上测减速机水平，并通过在减速机台板上加减垫片调整，保证水平度≤0.05mm/m。

（6）安装电动机机架，并用 4 个 M30 螺栓紧固，吊入电动机。

（7）对电动机与减速机进行找正。在电动机背轮上架好百分表（圆周 1 块），表针指向减速机背轮。同时盘动电动机和减速机背轮，完全静止下来后读数，做好记录。另外用塞尺测量减速机背轮与电动机背轮端面差值；若圆周差及端面差不符合技术标准要求，则需通过对电动机地脚台板加减垫片的方法进行调整。调整方法如图 8-4 所示。

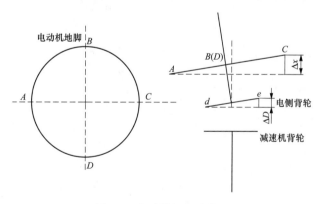

图 8-4　空冷风机立式找正

假如张口在背轮 e 侧，张口值为 Δa 计算如下。

需在 C 处减垫片数：

$$\Delta x = \Delta a \cdot AC/de$$

在 B 处减垫片数：

$$\Delta x/2 = \Delta a \cdot AC/de/2$$

在 D 处减垫片数：

$$\Delta x/2 = \Delta a \cdot AC/de/2$$

式中　de——电侧背轮两端面表针之间距离；

　　AC——电动机地脚之间距离；

　　Δa——张口值。

消除圆周偏差值方法：分别顶动 A、B、C、D 处电动机地脚顶丝，看圆周表读数，使其偏差分别如下。

东西偏差值＝$(B-D)/2 \leqslant 0.05mm$ ；南北偏差值＝$(A-C)/2 \leqslant 0.05mm$。

（假定 B 处为东，D 处为西，A 处为南，C 处为北）

（8）中心调整合格后，联系电气专业接线，押回电气及热机工作票，作电动机空载试验。空载试验合格后，取回工作票，电动机停电，按标记连接联轴器，紧固联轴器螺栓。

（9）最后交工作票，整体试运。

 思考题

1. 常见的空冷系统分类有哪几种？

2. 直接空冷系统由哪些设备组成？

3. 直接空冷机组有哪些优点？

4. 空冷岛管束为什么要设置逆流管束？

5. 直接空冷系统的工艺流程是什么？

第九章

阀 门 部 分

第一节 阀门基础知识

随着火力发电厂参数、自动化程度的提高，在现代大型火力发电厂中，阀门是热力系统管路的重要附件，其配装在管道和设备上，主要用来控制（启闭、调节）工质，即接通或切断流通介质（水、蒸汽、油和空气等）的通路，改变介质的流动方向，调节介质流量和压力，以及保证压力容器和管道的工作压力不超限等。

一、阀门分类

在火力发电厂中，阀门的种类繁多，按照不同的分类方法，主要有以下3种。

1. 按阀门的用途和作用分类

（1）安全阀类：其作用是防止管路中介质超压。

（2）切断阀类：其作用是接通和截断管路内的介质，如球阀、闸阀、截止阀、蝶阀和隔膜阀。

（3）调节阀类：其作用是用来调节介质的流量、压力的参数，如调节阀、节流阀和减压阀等。

（4）止回阀类：其作用是防止管路中介质倒流，如止回阀和底阀。

（5）分流阀类：其作用是用来分配、分离或混合管路中的介质，如分配阀、疏水阀等。

2. 按公称压力分类

（1）真空阀门：阀门工作压力低于标准大气压。

（2）低压阀门：阀门工作的公称压力小于或等于1.6MPa。

（3）中压阀门：阀门工作的公称压力为2.5MPa、4.0MPa、6.4MPa。

（4）高压阀门：阀门工作的公称压力为10～80MPa。

（5）超高压阀门：阀门工作的公称压力大于100MPa。

3. 依照温度等级分类分

超低温阀门（工作温度低于−80℃）；低温阀门（工作温度为−40～−80℃）；常温阀门（工作温度高于−40℃，而低于或等于120℃）；中温阀门（工作温度高于120℃，而低于450℃）；高温阀门（工作温度高于450℃）。

二、阀门基本参数

阀门是一种通用件，其规格、参数一般以"公称直径""公称压力"和"工作温度"

来表示。

1. 公称直径

阀门进出口通道的名义直径称为阀门的公称直径，用 DN 表示（或用 Dg 表示），单位为毫米（mm）。"公称直径"是阀门的通流直径系列规范化后的数值，基本上代表了阀门与管道接口处的内径（但不一定是内径的准确数值），阀门的公称直径在国家标准 GB 1047—1970 中作了规定，阀门的公称直径系列见表 9-1。

表 9-1　　　　　　　　　　　　阀门的公称直径系列　　　　　　　　　　（mm）

3	6	10	15	20	25	32	40	50	65
80	100	125	150	(175)	200	(225)	250	300	350
400	450	500	600	700	800	900	1000	1200	1400
1600	1800	2000	2200	2400	2600	2800	3000	……	

注　带括号者仅用于特殊阀门。

2. 阀门的公称压力

阀门的名义压力称为阀门的公称压力，用 PN 表示，单位为 MPa。"公称压力"是指阀门在某一规定温度下的允许工作压力，该规定温度是根据阀门的材料确定。例如，对于碳钢阀门，其"公称压力"则是指 200℃时的允许工作压力。金属材料的强度是随着温度升高而降低。因此，当介质温度高于"公称压力"的规定温度时，选择阀门的"公称压力"就必须放余量，并限定在材料的容许最高温度下工作。阀门的公称压力在国家标准 GB 1048—1970 中作了规定，阀门的公称压力系列见表 9-2。

表 9-2　　　　　　　　　　　　阀门的公称压力系列　　　　　　　　　　（MPa）

0.098	0.25	0.39	0.59	0.98	1.57	2.45	3.9	6.3	9.8
15.7	19.6	24.5	31.4	39.2	49	62.7	78.4	98	……

3. 阀门的工作压力

工作压力是指阀门在工作状态下的压力，用 P 表示，单位为帕斯卡（Pa），或兆帕（MPa）。

4. 阀门的试验压力

试验压力是对阀门进行水压试验，来衡量阀门的强度以及严密时用的压力，一般用 P_S 表示，单位为 MPa。

5. 阀门的工作温度

工作温度是阀门工作时所允许的介质温度，阀门的工作压力与工作温度的关系：P 字右下角数字为介质最高温度乘以 10 的整数。如 P_{54} 表示阀门介质最高温度为 540℃时的工作压力。

三、阀门的型号编制方法

我国现使用原第一机械工业部标准 JB 308—1975《阀门型号编制方法》和中国阀门行

业标准 CVA21—1984《一般工业用阀门型号编制方法》，电力行业仍使用 JB 4018—1985《电站阀门型号编制方法》，阀门型号主要表明阀门的类型、作用、结构、特点及所选用的材料性质等。一般用七个单元组成阀门型号，其排列顺序如图 9-1 所示。

类型代号	传动方式	连接方式	结构形式	密封面或衬里	公称压力	阀体材料

图 9-1　阀门型号组成

第一单元用汉语拼音字母表示阀门类别，见表 9-3。

表 9-3　　　　　　　　　　阀门类别表示法

阀门类别	闸阀	截止阀	止回阀	节流阀	球阀	蝶阀
代号	Z	J	H	C	Q	D
阀门类别	隔膜阀	安全阀	调节阀	旋塞阀	减压阀	疏水阀
代号	G	A	T	X	Y	S

第二单元用一位阿拉伯数字表示传动方式，对于手动、手柄、扳手等直接传动或自动阀门无代号表示，见表 9-4。

表 9-4　　　　　　　　　　阀门传动方式表示法

驱动方式	蜗轮传动	正齿轮传动	锥齿轮传动	气动传动	液动传动	电磁传动	电动机传动
代号	3	4	5	6	7	8	9

第三单元用一位阿拉伯数字表示连接方式，见表 9-5。

表 9-5　　　　　　　　　　阀门连接方式表示法

连接方式	内螺纹	外螺纹	法兰①	法兰	法兰②	焊接	对夹式	卡箍	卡套
代号	1	2	3	4	5	6	7	8	9

① 用于双弹簧安全阀；

② 用于杠杆式安全阀，单弹簧安全阀。

第四单元用一位阿拉伯数字表示结构方式。结构形式因阀门类别不同而异，不同类别的阀门各个数字代表的意义不同。常用阀门结构形式代号见表 9-6。

表 9-6　　　　　　　　　　阀门结构形式代号

闸阀					
结构形式	明杆楔式单闸板	明杆楔式单闸板	明杆平行式双闸板	暗杆楔式单闸板	暗杆楔式双闸板	暗杆平行式双闸板
代号	1	2	4	5	6	8

截止阀（节流阀）								
结构形式	直通式（铸造）	直角式（铸造）	直通式（锻造）	直角式（锻造）	直流式	无填料直角式	无填料直通式	压力表计	无填料直流式
代号	1	2	3	4	5	8	9	9	0

续表

止回阀				
结构形式	直通式降式（铸造）	立式升降式	直通式降式（锻造）	单瓣旋启式	多瓣旋启式
代号	1	2	3	4	5

第五单元用汉语拼音字母表示密封面或衬里材料，见表9-7。

表 9-7　　　　　　　　　　　　阀门密封面或衬里材料代号

密封面或衬里材料	铜	不锈钢	硬质合金	橡胶	硬橡胶	渗氮钢	密封面由阀体加工
代号	T	H	Y	X	J	D	W
密封面或衬里材料	聚四氟乙烯	聚三氟乙烯	聚氯乙烯	酚醛塑料	尼龙	皮革	塑料
代号	SA	SB	SC	SD	SN	P	S
密封面或衬里材料	巴氏合金	衬胶	衬铅	衬塑料	陶瓷		
代号	B	CJ	CQ	CS	TC		

第六单元用公称压力数字直接表示，并用短线与前五单元分开。

第七单元用汉语拼音字母表示阀体材料。对于 PN≤1.6MPa 的灰铸铁阀门或 PN≥2.5MPa 的铸钢阀门及工作温度 t<530℃ 的电站阀门，则省略本单元，见表9-8。

表 9-8　　　　　　　　　　　　阀门阀体材料代号

阀体材料	灰铸铁	可锻铸铁	球墨铸铁	铜合金	铅合金	铝合金
代号	Z	K	Q	T	B	L
阀体材料	铬钼合金钢	铬镍钛钢	铬镍钼钛钢	四铬钼钒钢	碳钢	硅铁
代号	1	P	R	V	C	G

第二节　阀门的类型和用途

一、闸阀

闸阀是指关闭件（闸板）沿通路中心线的垂直方向移动的阀门。闸阀在管路中主要作切断用。闸阀是使用很广的一种阀门，一般口径 DN≥50mm 的切断装置都选用它，有时口径，很小的切断装置也选用闸阀。

（1）闸阀的优点：

1）流体阻力小。

2）开闭所需外力较小。

3）介质的流向不受限制。

4）全开时，密封面受工作介质的冲蚀比截止阀小。

5）体形比较简单，铸造工艺性较好。

（2）闸阀的缺点：

1）外形尺寸和开启高度都较大。安装所需空间较大。

2）开闭过程中，密封面间有相对摩擦，容易引起擦伤现象。

3）闸阀一般都有两个密封面，给加工、研磨和维修增加一些困难。

（一）闸阀的种类

1. 按闸板的构造分类

（1）平行式闸阀：密封面与垂直中心线平行，即两个密封面互相平行的闸阀。

在平行式闸阀中，以带推力楔块的结构最常为常见，既在两闸板中间有双面推力楔块，这种闸阀适用于低压中小口径（DN40～300mm）闸阀。也有在两闸板间带有弹簧的，弹簧能产生预紧力，有利于闸板的密封。

（2）楔式闸阀：密封面与垂直中心线成某种角度，即两个密封面成楔形的闸阀。

密封面的倾斜角度一般有 $2°52''$、$3°30''$、$5°$、$8°$、$10°$等，角度的大小主要取决于介质温度的高低。一般工作温度越高，所取角度应越大，以减小温度变化时发生楔住的可能性。

在楔式闸阀中，又分为单闸板，双闸板和弹性闸板。

单闸板楔式闸阀，结构简单，使用可靠，但对密封面角度的精度要求较高，加工和维修较困难，温度变化时楔住的可能性很大。

双闸板楔式闸阀在水和蒸汽介质管路中使用较多。它的优点是：对密封面角度的精度要求较低，温度变化不易引起楔住的现象，密封面磨损时，可以加垫片补偿。但这种结构零件较多，在黏性介质中易黏结，影响密封。更主要是上、下挡板长期使用易产生锈蚀，闸板容易脱落。

弹性闸板楔式闸阀，它具有单闸板楔式闸阀结构简单、使用可靠的优点，又能产生微量的弹性变形弥补密封面角度加工过程中产生的偏差，改善工艺性，现已被大量采用。

2. 按阀杆的构造闸阀分类

（1）明杆闸阀：阀杆螺母在阀盖或支架上，开闭闸板时，用旋转阀杆螺母来实现阀杆的升降。这种结构对阀杆的润滑有利，开闭程度明显，因此被广泛采用。

（2）暗杆闸阀：阀杆螺母在阀体内，与介质直接接触。开闭闸板时，用旋转阀杆来实现。这种结构的优点是：闸阀的高度总保持不变，因此安装空间小，适用于大口径或对安装空间受限制的闸阀。此种结构要装有开闭指示器，以指示开闭程度。这种结构的缺点是：阀杆螺纹不仅无法润滑，而且直接接受介质侵蚀，容易损坏。

（二）闸阀的通径收缩

如果一个阀体内的通道直径不一样（往往都是阀座处的通径小于法兰连接处的通径），称为通径收缩。通径收缩能使零件尺寸缩小，开、闭所需力相应减小，同时可扩大零部件的应用范围。但通径收缩后，流体阻力损失增大。

在某些部门的某些工作条件下（如石油部门的输油管线），不允许采用通径收缩的阀门。原因是：一方面是为了减小管线的阻力损失；另一方面是为了避免通径收缩后给机械清扫管线造成障碍。

二、截止阀

截止阀是关闭件（阀瓣）沿阀座中心线移动的阀门。截止阀在管路中主要作切断用。截止阀有以下优点：

（1）在开闭过程中密封面的摩擦力比闸阀小，耐磨。

（2）开启高度小。

（3）通常只有一个密封面，制造工艺好，便于维修。

截止阀使用较为普遍，但由于开闭力矩较大，结构长度较长，一般公称通径都限制在 DN≤200mm 以下。截止阀的流体阻力损失较大。因而限制了截止阀更广泛的使用。

截止阀的种类很多，根据阀杆上螺纹的位置可分为：

（1）上螺纹阀杆截止阀。截止阀阀杆的螺纹在阀体的外面。其优点是阀杆不受介质侵蚀，便于润滑，此种结构采用比较普遍。

（2）下螺纹阀杆截止阀。截止阀阀杆的螺纹在阀体内。这种结构阀杆螺纹与介质直接接触，易受侵蚀，并无法润滑。此种结构用于小口径和温度不高的地方。根据截止阀的通道方向，又可分为：直通式截止阀，角式截止阀和三通式截止阀，后两种截止阀通常做改变介质流向和分配介质用。

三、节流阀

节流阀是指通过改变通道面积达到控制或调节介质流量与压力的阀门。节流阀在管路中主要作节流使用。

最常见的节流阀是采用截止阀改变阀瓣形状后作节流用。但用改变截止阀或闸阀开启高度来作节流用是极不合适的，因为介质在节流状态下流速很高，必然会使密封面冲蚀磨损，失去切断密封作用。同样用节流阀作切断装置也是不合适的。

节流阀的阀瓣有多种形状，常见的有：

（1）钩形阀瓣，常用于深冷装置中的膨胀阀。

（2）窗形阀瓣，适用于口径较大的节流阀。

（3）塞形阀瓣，适用于中小口径节流阀，使用较普遍。

四、止回阀

止回阀是指依靠介质本身流动而自动开、闭阀瓣，用来防止介质倒流的阀门。

止回阀根据其结构可分为：

（1）升降式止回阀：阀瓣沿着阀体垂直中心线滑动的止回阀。

升降式止回阀只能安装在水平管道上，在高压小口径止回阀上阀瓣可采用圆球。

升降式止回阀的阀体形状与截止阀一样（可与截止阀通用），因此它的流体阻力系数较大。

（2）旋启式止回阀：阀瓣围绕阀座外的销轴旋转的止回阀。

旋启式止回阀应用较为普遍。

（3）碟式止回阀：阀瓣围绕阀座内的销轴旋转的止回阀。

碟式止回阀结构简单，只能安装在水平管道上，密封性较差。

（4）管道式止回阀，阀瓣沿着阀体中心线滑动的阀门。

管道式止回阀是新出现的一种阀门，它的体积小，质量较轻，加工工艺性好，是止回阀发展方向之一。但流体阻力系数比旋启式止回阀略大。

五、球阀

球阀和旋塞阀是同属一个类型的阀门，只有它的关闭件是球体，球体绕阀体中心线作旋转来达到开启、关闭的一种阀门。

球阀在管路中主要用来作切断、分配和改变介质的流动方向。

球阀是近年来被广泛采用的一种新型阀门，它具有以下优点：

（1）流体阻力小，其阻力系数与同长度的管段相等。

（2）结构简单、体积小、质量轻。

（3）紧密可靠，目前球阀的密封面材料广泛使用塑料，密封性好，在真空系统中也已广泛使用。

（4）操作方便，开闭迅速，从全开到全关只要旋转 $90°$，便于远距离的控制。

（5）维修方便，球阀结构简单，密封圈一般都是活动的，拆卸更换都比较方便。

（6）在全开或全闭时，球体和阀座的密封面与介质隔离，介质通过时，不会引起阀门密封面的侵蚀。

（7）适用范围广，通径从小到几毫米，大到几米，从高真空至高压力都可应用。球阀已广泛应用于石油、化工、发电、造纸、原子能、航空、火箭等各部门，以及人们日常生活中。

球阀按结构形式可分为：

（1）浮动球球阀。球阀的球体是浮动的，在介质压力作用下，球体能产生一定的位移并紧压在出口端的密封面上，保证出口端密封。浮动球球阀的结构简单，密封性好，但球体承受工作介质的载荷全部传给了出口密封圈，因此要考虑密封圈材料能否经受得住球体介质的工作载荷。这种结构，广泛用于中低压球阀。

（2）固定球球阀。球阀的球体是固定的，受压后不产生移动。固定球球阀都带有浮动阀座，受介质压力后，阀座产生移动，使密封圈紧压在球体上，以保证密封。通常在球体的上、下轴上装有轴承，操作扭矩小，适用于高压和大口径的阀门。

为了减少球阀的操作扭矩和增加密封的可靠程度，近年来又出现了油封球阀，既在密封面间压注特制的润滑油，以形成一层油膜，即增强了密封性，又减少了操作扭矩，更适用高压大口径的球阀。

（3）弹性球球阀。球阀的球体是弹性的。球体和阀座密封圈都采用金属材料制造，密封比压很大，依靠介质本身的压力已达不到密封的要求，必须施加外力。这种阀门适用于高温高压介质。

弹性球体是在球体内壁的下端开一条弹性槽，而获得弹性。当关闭通道时，用阀杆的楔形头使球体张开与阀座压紧达到密封。在转动球体之前先松开楔形头，球体随之恢复原原形，使球体与阀座之间出现很小的间隙，可以减少密封面的摩擦和操作扭矩。

球阀按其通道位置可分为直通式、三通式和直角式。后两种球阀用于分配介质与改变介质的流向。

六、蝶阀

蝶板在阀体内绕固定轴旋转的阀门，称为蝶阀。

作为密封型的蝶阀，是在合成橡胶出现以后，才给它带来了迅速的发展，因此它是一种新型的截流阀。在我国直至 20 世纪 80 年代，蝶阀主要作用于低压阀门，阀座采用合成橡胶，到 90 年代，由于国外交流增多，硬密封〈金属密封〉蝶阀得以迅速发展。目前已有多家阀门厂能稳定地生产中压金属密封蝶阀，使蝶阀应用领域更为广泛。

蝶阀能输送和控制的介质有水、凝结水、循环水、污水、海水、空气、煤气、液态天然气、干燥粉末、泥浆、果浆及带悬浮物的混合物。

目前国产蝶阀参数如下：

（1）公称压力：PN0.25～4.0MPa。

（2）公称通径：DN100～3000mm。

（3）工作温度：≤425℃。

1. 蝶阀种类

按连接方式分为：法兰式、对夹式。

按密封面材料分为：软密封、硬密封。

按结构形式分为：板式、斜板式、偏置板式、杠杆式。

2. 蝶阀特点

（1）结构简单，外形尺寸小。由于结构紧凑、结构长度短、体积小、质量轻，适用于大口径的阀门。

（2）流体阻力小，全开时，阀座通道有效流通面积较大，因而流体阻力较小。

（3）启闭方便迅速，调节性能好，蝶板旋转 90°既可完成启闭。通过改变蝶板的旋转角度可以分级控制流量。

（4）启闭力矩较小，由于转轴两侧蝶板受介质作用基本相等，而产生转矩的方向相反，因而启闭较省力。

（5）低压密封性能好，密封面材料一般采用橡胶、塑料、故密封性能好。受密封圈材料的限制，蝶阀的使用压力和工作温度范围较小。但硬密封蝶阀的使用压力和工作温度范围，都有了很大的提高。

3. 蝶阀结构

蝶阀主要由阀体、蝶板、阀杆、密封圈和传动装置组成。

（1）阀体。阀体呈圆筒状，上下部分各有一个圆柱形凸台，用于安装阀杆。蝶阀与管道多采用法兰连接；如采用对夹连接，其结构长度最小。

（2）阀杆。阀杆是蝶板的转轴，轴端采用填料函密封结构，可防止介质外漏。阀杆上端与传动装置直接相接，以传递力矩。

（3）蝶板。蝶板是蝶阀的启闭件。

七、安全阀

安全阀是防止介质压力超过规定数值起安全作用的阀门。

安全阀在管路中，当介质工作压力超过规定数值时，阀门便自动开启，排放出多余介质；而当工作压力恢复到规定值时，又自动关闭。

（一）安全阀常用的术语

（1）开启压力：当介质压力上升到规定压力数值时，阀瓣便自动开启，介质迅速喷出，此时阀门进口处压力称为开启压力。

（2）排放压力：阀瓣开启后，如设备管路中的介质压力继续上升，阀瓣应全开，排放额定的介质排量，这时阀门进口处的压力称为排放压力。

（3）关闭压力：安全阀开启，排出了部分介质后，设备管路中的压力逐渐降低，当降低到小于工作压力的预定值时，阀瓣关闭，开启高度为零，介质停止流出。这时阀门进口处的压力称为关闭压力，又称回座压力。

（4）工作压力：设备正常工作中的介质压力称为工作压力。此时安全阀处于密封状态。

（5）排量：在排放介质阀瓣处于全开状态时，从阀门出口处测得的介质在单位时间内的排出量，称为阀的排量。

（二）安全阀种类

1. 按安全阀结构分类

（1）重锤（杠杆）式安全阀：用杠杆和重锤来平衡阀瓣的压力。重锤式安全阀靠移动重锤的位置或改变重锤的质量来调整压力。它的优点在于结构简单；缺点是比较笨重、回座力低。这种结构的安全阀只能用于固定的设备上。

（2）弹簧式安全阀：利用压缩弹簧的力来平衡阀瓣的压力并使之密封。弹簧式安全阀靠调节弹簧的压缩量来调整压力。它的优点在于比重锤式安全阀体积小、轻便，灵敏度高，安装位置不受严格限制；缺点是作用在阀杆上的力随弹簧变形而发生变化。同时必须注意弹簧的隔热和散热问题。弹簧式安全阀的弹簧作用力一般不要超过 20 000N。因为过大过硬的弹簧不适于精确的工作。

（3）脉冲式安全阀：脉冲式安全阀由主阀和辅阀组成。主阀和辅阀连在一起，通过辅阀的脉冲作用带动主阀动作。脉冲式安全阀通常用于大口径管路上。因为大口径安全阀如采用重锤或弹簧式时都不适应。当管路中介质超过额定值时，辅阀首先动作带动主阀动作，排放出多余介质。

2. 按安全阀阀瓣最大开启高度与阀座通径之比分类

（1）微启式：阀瓣的开启高度为阀座通径的 $1/20 \sim 1/10$。由于开启高度小，对这种阀的结构和几何形状要求不像全启式那样严格，设计、制造、维修和试验都比较方便，但效率较低。

(2) 全启式：阀瓣的开启高度为阀座通径的 1/4～1/3。全启式安全阀是借助气体介质的膨胀冲力，使阀瓣达到足够的升高和排量。它利用阀瓣和阀座的上、下两个调节环，使排出的介质在阀瓣和上下两个阀节环之间形成一个压力区，使阀瓣上升到要求的开启高度和规定的回座压力。此种结构灵敏度高，使用较多，但上、下调节环的位置难于调整，使用须仔细。

3. 按安全阀阀体构造分类

(1) 全封闭式：排放介质时不向外泄漏，而全部通过排泄管放掉。

(2) 半封闭式：排放介质时，一部分通过排泄管排放，另一部分从阀盖与阀杆配合处向外泄漏。

(3) 敞开式：排放介质时，不引到外面，直接由阀瓣上方排泄。

第三节 阀门检修技术

一、阀门密封面研磨的磨具

对各种形式阀门密封面的研磨，根据密封面的结构特点和研磨工作量的大小，经常采用手工或机械的研磨方法。一般采用的磨具如图 9-2 和图 9-3 所示。

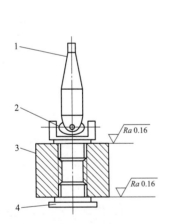

图 9-2 密封面磨具之一

1—钻头柄；2—万向接头；3—磨具；4—导向装置

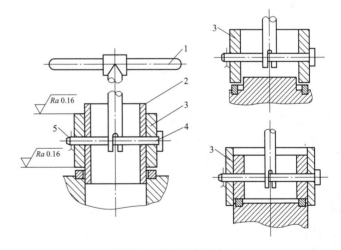

图 9-3 密封面磨具之二

1—手柄；2—导向装置；3—磨具；4—销；5—开口销

图 9-2 所示为机械研磨的磨具，其磨具 3 可根据被研磨阀门的大小进行更换，导向装置 4 也可根据阀门的通道直径选配，万向接头 2 是为避免作用在磨具上的压力不均匀时，会导致磨具倾斜而设置的。若用手工研磨，钻头柄 1 可制成手柄状，如图 9-3 所示。如要利用钻床或其他机械研磨时，钻头柄 1 则应制成钻柄状，导向装置与被研磨件的径向间隙

应小于 0.2mm（视阀门大小而定），如磨具上不便于装设导向装置，可采用如图 9-4 所示的导向套筒方式。

研磨楔形闸阀的阀座密封面时的磨具可采用图 9-5 所示的方式。研磨闸阀的阀板时，可使用平板磨具。研磨时，应使闸板均匀地在磨具的整个平面上移动，磨具的工作表面，应经常用校验平板来检查其平面度状况。截止阀的平口阀瓣、闸阀阀板、热动力式疏水器阀片等平面关闭件，可用下旋式研磨机或振动研磨机研磨，阀体上的密封面及锥形阀瓣、阀座的配合面，可用上旋式研磨机研磨，也可以利用钻床进行研磨。在实际检修中，利用手工研磨比较普遍。阀门研磨完毕，密封面的平面度可用铅笔划线法或涂色法检查；研磨后的密封面的表面粗糙度 Ra 不应大于 $0.2\mu m$，质量检查合格后应进行严密性水压试验。

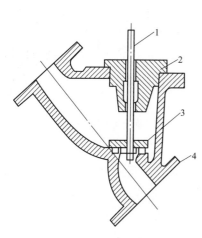

图 9-4　导向套筒

1—传动杆；2—导向套筒；

3—磨具；4—阀体

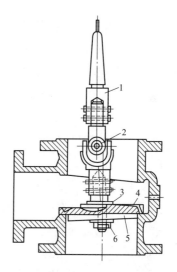

图 9-5　研磨楔形闸阀的磨具

1—钻头柄；2—万向接头；3—有轴肩

连接磨具用的轴；4—磨具

二、密封面的研磨

阀门密封面分为面密封和线密封方式。面密封的密封面较宽，有的可以达到 30mm 以上；线密封一般用在高压截止阀的密封面上，在检验压痕时，显示一条很细的闭合线装痕迹。

密封面研磨可用研磨砂（或研磨膏）研磨。阀芯和阀座的阀线上的磨点或凹坑，深度一般在 0.5mm 以内，可以采用研磨的方法消除，研磨过程分为粗磨、中磨、细磨三个阶段。

（一）粗磨

利用研磨头和研磨座，用粗研磨砂，先把磨点和凹坑抹去。粗磨时，可以利用手枪式电钻或其他机械化研磨工具进行，只要平整地把麻点去掉，粗磨过程即告结束。有时不用粗磨直接采用中磨，这由缺陷的轻重来决定。

（二）中磨

用粗磨把麻坑去掉以后，一般还能看见小的痕迹，还需进一步研磨，中磨是在粗磨的基础上用较细的研磨砂进行手工和机械化研磨，但应另换一个新的研磨头或研磨座，因为粗磨用过的研磨头或研磨座已有沟痕，不再适应于中磨了。中磨完成以后，阀门的阀线表面基本上已经光亮，如用软铅笔在阀线上划上几道，只要将阀芯和阀座对着轻转一圈，就能基本上把铅笔线磨去。

（三）细磨

细磨是阀门研磨的最后一道工序，应用手工研磨。细磨时不用研磨头，而是将阀芯对着阀座进行研磨，采用研磨膏或细微研磨砂稍加一点机油，轻轻来回研磨。一般顺时针方向转 $60°\sim100°$，在反方向转 $40°\sim90°$，磨一会检查一次，最后磨得光亮，其表面粗糙度 Ra 达到 $0.4\mu m$。并且在阀芯和阀座上可以看到一圈很细的线，呈黑亮色，最后再用机油轻轻磨几次，用干净的擦布擦干净就行了。研磨好以后再消除其他缺陷，就可以组装了。研磨好的阀门应尽快组装好保管好，以免碰坏已磨好的阀线。

大型闸阀的阀瓣可以在平板上研磨，方法与上述基本相同，但在研磨之前应详细检查平板是否平整。检查方法是：用一块标准平板对着磨几次，并稍抹一点红丹粉，有不平的地方可以刮一次，最少也要达到每平方厘米有两点相接触。

除了用研磨砂（或研磨膏），也可以用砂布研磨。用砂布研磨的优点是研磨速度较快，研磨质量也较好，目前采用较多。

用砂布研磨也需要有专门的研磨工具，根据阀芯和阀座的尺寸、角度制成研磨头和研磨座，能够将砂布固定（夹持或用螺钉拧紧）。砂布可根据需要剪成一定的形状，使用背胶或双面胶带粘到研磨座密封面上，研磨时仍然可利用手提电钻或其他机械工具。

用砂布研磨时，如阀线有严重缺陷，可分三步研磨：先用 2 号粗砂布把麻坑磨掉，再用 1 号或 0 号砂布把用粗布磨出的纹路磨去，最后用抛光砂布磨一遍即可。如阀线是一般缺陷，可以分两步研磨：先用 1 号砂布把缺陷磨去，再用 0 号砂布或抛光砂布磨一次。如阀线的缺陷很轻微，可以直接用 0 号砂布或抛光砂布研磨就行了。

如阀芯有较严重的缺陷，可采用较省力的方法，直接用车床车光即可装配，也可再用抛光砂布研磨一次后装配。

用砂布研磨可以向一个方向研磨，不必正反方向研磨，但要经常检查，只要把缺陷磨去即可更换较细的砂布继续研磨。

第四节　阀门水压试验

阀门的水压试验可分为强度试验和严密性试验两种。

一、强度试验

阀门的强度试验压力按表 9-9 确定，或按工作压力的 1.5 倍大致确定。试验前，先将体腔内的空气排尽；试验时，应将关闭件稍微开启，并将阀门通路的一端堵塞（如打堵板），水从另一端引入，对带有旁通的阀门，试验时也应将旁通打开。

表 9-9 公称压力 PN 和相应的试验压力 p_s （$\times 9.81 \times 10^4$ Pa）

工称压力 PN	试验压力 p_s	工称压力 PN	试验压力 p_s	工称压力 PN	试验压力 p_s	工称压力 PN	试验压力 p_s
0.5		25	38	200	300	1000	1300
1	2	40	60	250	380	1250	1600
2.5	4	64	96	320	480	1600	2000
4	6	80	120	400	560	2000	2500
6	9	100	150	500	700	2500	3200
10	15	130	195	640	900		
16	24	160	240	800	1100		

二、严密性试验

阀门的严密性试验压力，除蝶阀、止回阀、底阀、节流阀外，一般应以公称压力进行，在能够确认工作压力时，也可按 1.25 倍工作压力进行试验。对于公称压力 PN≤2.5MPa 的水用铸铁、铸铜闸阀，允许的渗漏量不应超过表 9-10 的规定；公称压力小于1MPa，且公称直径 DN≥600mm 的闸阀，可不单独进行水压强度和严密性试验，强度试验在系统试压时按系统的试验压力一起进行；严密性试验可用印色法对闸板的密封面进行检查，接合面应连续。

表 9-10 闸阀密封面的允许渗漏量

公称直径 DN（mm）	渗漏量（cm³/min）	公称直径 DN（mm）	渗漏量（cm³/min）	公称直径 DN（mm）	渗漏量（cm³/min）
≤40	0.05	350	2.00	900	25
50～80	0.10	400	3.00	1000	30
100～150	0.20	500	5.00	1200	50
200	0.30	600	10.00	1400	75
250	0.50	700	15	≥1600	100
300	1.50	800	20		

严密性试验时，应关闭阀门，介质从通路的一端引入，在另一端检查其严密性，如图9-6（a）所示，若是闸阀则两端应分别作上述试验，或采取如图 9-6（b）所示的方法，这样可以一次完成两面试验。阀体及阀杆的接合面及填料部分的严密性，也可按关闭件开启，而通路封闭的方法进行试验，试验压力按严密性试验压力要求执行。

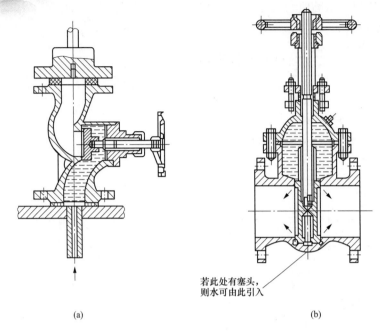

若此处有塞头，
则水可由此引入

(a)　　　　　　　　　　　　　　　　　(b)

图 9-6　阀门的严密性试验

（a）截止阀严密性试验；（b）闸阀严密性试验

第五节　汽轮机侧主要阀门介绍

一、高低压旁路阀

大容量、高参数机组大多采用中间再热，而且锅炉与汽轮机配成单元机组，随之产生了再热锅炉特有的启动旁路系统。设置旁路系统增加了机组运行方式的灵活性。汽轮机旁路系统为高压旁路和低压旁路二级串联旁路系统。机组在冷态、温态、热态和极热态，采用中压缸启动和高、中压缸联合启动时，投入旁路系统，配合机组启动，达到以下目的：

（1）加快锅炉蒸汽参数的提升，缩短机组启动时间。

（2）回收工质，减少 PCV 阀和安全阀的动作，减少向空排放，改善对环境的噪声污染。

（3）使锅炉再热器得到足够的冷却蒸汽，避免再热器超温。

（4）控制锅炉蒸汽参数，使其和汽轮机汽缸和转子允许金属温度相匹配，减少热应力，缩短机组启动时间，降低汽轮机寿命损耗。

（5）实现机组的最佳启动。

二级串联旁路系统如图 9-7 所示，由高压旁路和低压旁路串联而成。高压旁路旁通高压缸，低压旁路旁通中、低压缸，高压和低压旁路通过锅炉再热器连接，系统简单，调节灵活，能有效保护再热器。

通过旁路的配合使机组停机或运行期间能够减少对空排放、回收工质、减少热应力，提高机组寿命。当汽轮机负荷低于锅炉最低稳燃负荷时，通过旁路装置维持锅炉在最低稳燃负荷以上运行，减少锅炉稳燃投油，以提高机组经济性。旁路应能适应机组定压运行和滑压运行两种方式。

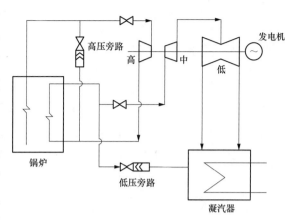

图 9-7 二级串联旁路系统

旁路系统的容量与机组的结构和机组在电网中设定的运行方式有关，对于带基本负荷并要求适应一定的负荷变化能力的机组，启动次数较少，一般为冷态和温态启动，且以多采用滑参数启动。由于冲转压力很低，此时锅炉蒸发量较小，可采用较小容量的旁路系统，旁路容量为 30％ 已能满足要求。若偶尔热态启动，可以通过提高冲转压力或向空少量排汽来弥补。对于调峰机组，当电网要求机组停机不停炉的工况下运行时，采用较大的甚至 100％ 容量的旁路系统。过大的旁路容量，将增加旁路系统的投资，凝汽器及有关辅助设备容量也相应增加。我国已经建成和正在建设的 300MW 及以上单元机组，其旁路容量大部分为 35％～40％。

二、主给水系统阀门

每台汽轮机组 3 台高压加热器设置一套 100％ 容量的大旁路系统，其中包括一只高压加热器进口电动给水三通阀、两只串联的三通阀手动注水阀和一只高压加热器出口电动闸阀。电动给水旁路阀用于高压加热器故障时隔离 3 台高压加热器，给水经高压加热器旁路管道进入锅炉省煤器；三通阀注水阀用于机组启动前高压加热器的注水。其中给水三通阀结构比较特殊，圆柱形阀座上下两个圆面上分别有密封面，系统正常运行时阀门全开，阀门下阀口全开，上阀口关闭，给水进入高压加热器系统。当高压加热器故障需隔离高压加热器系统时，阀门全关，下阀口关闭，上阀口全开，给水通过旁路管道给锅炉供水。

三、抽汽电动门及止回阀

汽轮机抽汽管道电动闸阀用于隔离汽轮机、加热器和除氧器，以防止加热器和除氧器事故时汽轮机进水。抽汽止回阀主要用于事故状态下防止高压加热器、低压加热器、除氧器等设备内的蒸汽及水突然倒灌进汽轮机内造成汽轮机超速或水击。在正常工作情况，止回阀操纵杆座的强制门杆在弹簧力的作用下，处于上部位置，此时止回阀门碟在蒸汽顺流时，能自由开启，当汽轮机甩负荷时，止回阀上部操纵座的气压及门碟上部蒸汽的作用下，一起将止回阀门碟压向门座。蒸汽的作用力系由抽汽管路中残存的蒸汽压力与汽轮机抽汽室中的压力差产生的。这种形式的止回阀只能装在管路的水平部分上。在止回阀蒸汽进入侧，即汽轮机抽汽室侧外壳的底部有疏水孔。各段去抽汽止回阀疏水一般加装直径节流孔板逐级至下一级抽汽。汽轮机抽气管路采用这种疏水方式，对于机组的经济性来说，是要损失一点，但抽气管路中不易积水，对机组运行的安全性是比较可靠的。

四、高、低压加热器疏水调整门

高、低压加热器疏水调门分为正常疏水调门及事故疏水调门，都是气动控制，两种调门内部结构一样。正常疏水调门主要作用是调节加热器汽测的疏水量，保证加热器水位在规定范围内，正常疏水一般疏至下一级加热器，便于热量回收再利用，提高效率。事故疏水调门的主要作用是在事故状态下（如高压加热器管束泄漏等），正常疏水调门不足以控制加热器汽测水位在规定范围内时，开启事故疏水调门疏水至凝汽器，防止加热器汽测水位过高倒灌进汽轮机。

五、各冷却器冷却水调整门

现场主要有闭式水冷却器调门、主机冷油器冷却水调门、氢冷器冷却水调门等，主要作用就是调节通过冷却器的冷却水流量，使被冷却的工质（闭式水、氢气、润滑油等）的温度在规定范围内。

六、安全阀

安全阀主要就是起保护作用，当容器、管道系统内压力超过规定值时安全阀动作，泄掉一部分工质（蒸汽、水等），当系统内压力降至一定值后安全阀回座关闭严密，系统恢复正常运行。安全阀在现场主要用在高、低压加热器等容器上，还有部分管道上如辅汽系统管道、前置泵入口管道等部位。现场主要用的是弹簧式安全阀，其工作原理是，在正常运行状态下，安全阀在弹簧力的作用下处于关闭状态，当系统内出现异常压力过高超过安全阀启座压力时，系统内蒸汽就会克服弹簧力将阀座顶起进行排汽，系统内压力降至回座压力后弹簧又将阀座压回至关闭位置，至此安全阀的整个动作过程完成。

七、各种疏水器

现场的疏水器一般用在正常运行时处于备用状态的管道上，如辅汽至除氧器供汽管道、主汽至轴封供汽管道等，这些管道内有高温度的蒸汽存在，但这些管道一般在启机过程供汽用，平时处于备用状态，内部高温蒸汽不流动，逐渐的这些蒸汽就有部分凝结成水积存在管道内，如果这些冷凝水不及时排出就会影响系统正常运行，甚至可能造成不必要的事故。这就有必要加装疏水管道和疏水器，疏水器上主要作用就是将冷凝水排出而防止蒸汽逸出。现场主要用的是浮球式疏水阀，浮球式疏水器的工作原理为：当有冷凝水流入时浮球向上浮起打开下面的阀嘴排放冷凝水；冷凝水排出后浮球自动落座于阀嘴之上关闭疏水器，使蒸汽不会逸出。

 思考题

1. 阀门分类方法有哪些？分别有哪些种类？

2. 阀门的基本参数有哪些？

3. 阀门的基本编号 7 个单元各代表什么意义？

4. 闸阀有哪些优缺点？

5. 常见的节流阀的阀瓣有哪几种形式？

6. 止回阀的作用是什么？

7. 止回阀根据结构可分为哪几种形式？

8. 球阀有哪些优点？

9. 蝶阀的特点有哪些？

10. 安全阀的作用是什么？有哪些分类？

11. 阀门研磨的步骤分为哪几个阶段？

12. 阀门的水压试验分为哪几种？

13. 汽轮机系统主要阀门有哪些？

第十章

常用工器具使用及注意事项

第一节 电 动 工 具

一、概述

1. 电动工具组成

电动工具是由电力驱动、用手来操纵的一种工具的统称。电厂使用的一般为小型化电动工具，由电动机、传动机构和工作头三部分组成。

电动工具使用的电动机要求体积小、质量轻、过载能力大、绝缘性能好。最常用的电动机有：交直流两用串激电动机，转速在 10 000r/min 以上；三相工频电动机（笼型异步电动机），转速在 3000r/min 以下。

传动机构的作用是改变电动机转速、转矩和运动形式。电动机运动形式可分为：

(1) 旋转运动，电动机通过齿轮减速，带动工具轴作旋转运动，如电钻、电动扳手等。也有电动机不经过减速直接带动工具的，如手提式砂轮机等。

(2) 直线运动。电动机经减速后带动曲柄连杆机构，使工具轴作直线运动，包括振动、往复运动和冲击运动，如电锅、电冲剪、电铲等。

(3) 复合运动。工具作冲击旋转运动，如电锤、冲击电钻等。

工作头是直接对工件进行各种作业的刀具、磨具、钳工工具的统称，如钻头、锯片、砂轮片、螺帽套筒等。

2. 电动工器具使用注意事项

(1) 使用前检查电动扳手检验日期是否超期，确认现场所接电源与电动扳手所需要电压是否相符，电压过高过低均不宜使用。电源盘漏电保护器是否动作可靠。

(2) 使用时待工具的转速到达额定转速，方可进行作业并施加压力。

(3) 在送电前确认电动工器具开关是断开状态，否则插头插入电源插座时电动工具将出其不意地立刻转动，从而可能造成人员意外伤害危险。

(4) 在工作中发现电动工具转速降低时，应立即减小压力；若突然停转，则应及时切断电源，并查明原因。

(5) 移动电动工具时，应握持工具手柄并用手带动电缆，不允许拉橡胶电缆拖动工具。

(6) 若作业场所远离电源箱时，应使用容量足够并装有漏电保护器的电源盘。使用带有绝缘套管的挂钩，将电源线挂好并且高度超过地面 2m。

(7) 使用电动工具是靠人力压着或握持着的，在工具吃力时要特别注意工具的反扭力或反冲力；使用较大功率的电动工具或进行高空作业时，必须有可靠的防护措施。

3. 电动工具的保养与维护

（1）经常检查电源线连接是否牢固，插头是否松动，电源线有无破损，开关动作是否灵活可靠。

（2）定期检查电动工具的电刷磨损情况，如磨损超标应更换。

（3）检查电动工具机身安装螺钉紧固情况，如果发现螺钉松了，需要立即重新拧紧。

（4）每次使用结束后要将电动工具本体擦拭干净，放置在干燥、洁净的专用工具箱里，避免碰撞。

（5）电动工具应每 6 个月测量一次绝缘（用绝缘电阻表测量），若绝缘不合格或已经漏电的电动工具，则严禁使用。

在热力设备检修工作中，常用的电动工具有手电钻、角向砂轮机、电动扳手、电锤与冲击电钻等。

二、手电钻

手电钻的结构如图 10-1 所示。手电钻分为手提式和手枪式两种。手电钻除用来钻孔外，还可用来代替作旋转运动的手工操作，如研磨阀门等。手枪式电钻钻孔直径一般不超过 6mm。

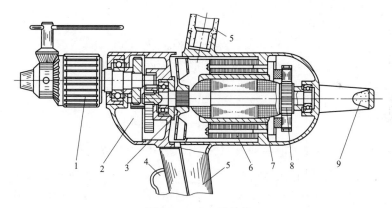

图 10-1　手电钻结构

1—钻夹头；2—减速机构；3—风扇；4—开关；5—手柄；

6—静子；7—转子；8—整流子；9—顶把

三、角向砂轮机

角向砂轮机的结构如图 10-2 所示，它有多种规格，以适应不同场合的需要。它主要用于金属表面的磨削、去除飞边毛刺、清理焊缝及除锈、抛光等作业，也可以用来切割小尺寸的钢材。

在使用角向砂轮机时，砂轮机应倾斜 15°～30°［图 10-3（a）］，并按图 10-3（b）所示方法移动，以使磨削的平面无明显的磨痕，且电动机也不易超载。当用来切割小工件时，应按图 10-3（c）所示的方法进行。

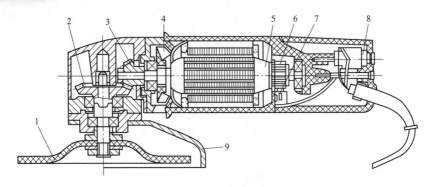

图 10-2　角向砂轮机结构

1—砂轮片；2—大锥齿轮；3—小锥齿轮；4—风扇；5—转子；

6—整流子；7—电刷；8—开关；9—安全罩

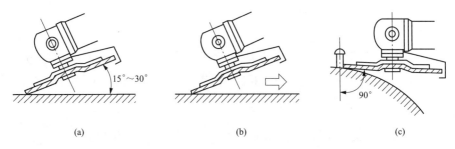

（a）　　　　　　　　　（b）　　　　　　　　　（c）

图 10-3　角向砂轮机的使用方法

（a）使用时倾斜角度示意；（b）使用时移动示意；（c）切割小工件示意

四、电动扳手

电动扳手就是以电源或电池为动力的扳手，是一种拧紧螺栓的工具。主要应用于钢结构安装行业，专门安装钢结构高强螺栓，一般的对于高强螺栓的紧固都要先初紧再终紧，而且每步都需要有严格的力矩要求。大六角高强螺栓的初紧和终紧都必须使用定力矩扳手，故各种电动扳手就是为各种紧固需要而制作的。

双重绝缘单相串励电动扳手在操作手柄上装有两只开关。一只为工作开关，是操纵启动和停止的；另一只是专门为改变电枢正反转而设置的，两只开关不可接反。

电动扳手内部结构如图 10-4 所示。

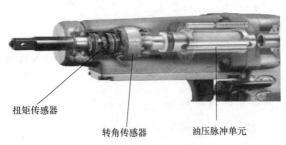

扭矩传感器

转角传感器　　油压脉冲单元

图 10-4　电动扳手内部结构

五、电锤与冲击电钻

电锤用于清除铁锈、水垢、地面开孔等作业，其工作原理如图 10-5 所示。电锤作冲击—旋转运动，冲击力是靠活塞产生的压缩空气带动锤头往复运动，锤头冲击钻杆。若将钻杆换成短杆（图 10-5），由于压缩空气从排气孔排出，锤头处于不动作状态，此时电锤则仅作旋转运动。

冲击电钻主要用于开孔作业，其结构如图 10-6 所示。冲击电钻的冲击作用是靠机械式冲击，无缓冲机构，故冲击装置易磨损。在只需作旋转运动的作业时，就不要使冲击装置投入工作状态。

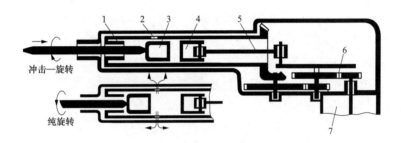

图 10-5　电锤工作原理

1—旋转空心轴（内部为气缸）；2—排气孔；3—锤头；4—活塞；

5—曲柄机构；6—减速齿轮；7—电动机

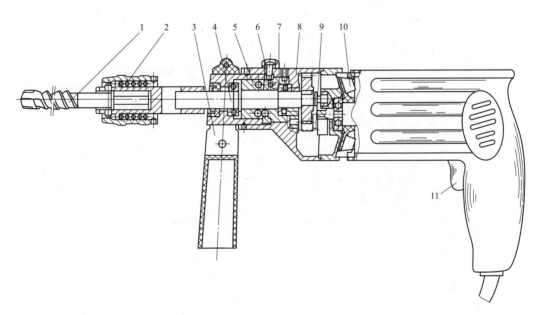

图 10-6　冲击电钻结构

1—硬质合金钻头；2—钻套；3—把手；4—转轴；5—冲击块；6—调节环；

7—固定冲击块；8—机壳；9—主轴；10—风扇；11—开关

第二节 起 重 工 具

常用的起重机具主要有千斤顶、链条葫芦（倒链）、滑轮和滑轮组以及绞车（卷扬机）等。它们具有质量轻、体积小、便于搬运和使用等优点。

一、千斤顶

千斤顶是一种轻便易携带的起重设备。它用在不太高的高度内升起重物，又可用来校正设备的安装位置和构件的变形。千斤顶有三种主要类型：油压式、螺旋式及齿条式。

（一）油压千斤顶

油压千斤顶分为内置泵和外置泵两种形式，其结构分别如图 10-7 和图 10-8 所示。其起重量为 0.5～500t，起重高度一般不超过 200mm。操作内置泵油压千斤顶时，将压把提起，油室 4 的油经止回阀 8 进入压力缸 7。当压把向下压时，压力油把止回阀 9 顶开并进入工作缸 10，推动工作活塞 2 向上升，把重物顶起。下降时，只需将回油阀 11 打开，工作缸 10 的油就回到油室。

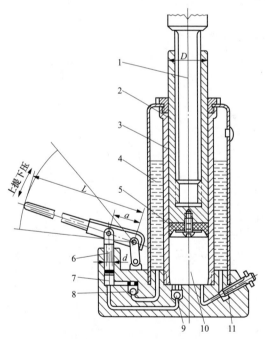

图 10-7　内置泵油压千斤顶

1—丝杆；2—工作活塞；3—缸套；4—油室；

5—橡皮碗；6—压力活塞；7—压力缸；

8，9—止回阀；10—工作缸；11—回油阀

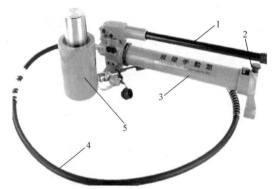

图 10-8　外置泵油压千斤顶

1—手压杆；2—泄压阀；3—油压泵泵体；

4—油管；5—油压千斤顶

当千斤顶需要顶着重物下降时，拧开回油阀要慢（略微旋转很少一点），使工作缸内的油极缓慢地回到油室。否则，重物就会迅速落下，产生冲击现象。

（二）螺旋千斤顶

螺旋千斤顶又称机械千斤顶，是由人力通过螺旋副传动，螺杆或螺母套筒作为顶举件。普通螺旋千斤顶靠螺纹自锁作用支持重物，构造简单，传动效率低，返程慢。螺旋千斤顶结构如图 10-9 所示。

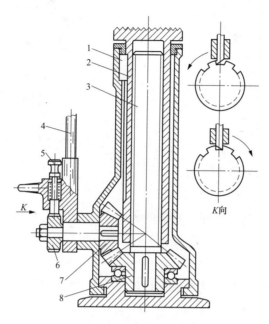

图 10-9　螺旋千斤顶结构

1—键；2—螺母套筒；3—方牙螺杆；4—把手；5—棘齿提手；6—棘轮；7—小锥齿轮；8—大锥齿轮

螺旋千斤顶螺纹类型有矩形、梯形与锯齿形，常用的是梯形螺纹。梯形螺纹牙型为等腰梯形，牙形角 $\alpha = 30°$，梯形螺纹的内外螺纹以锥面贴紧不易松动。矩形螺纹牙根强度低，锯齿形螺纹牙型为不等腰梯形，加工成本高。从实用性考虑，一般千斤顶都采用梯形螺纹。

（三）齿条千斤顶

齿条千斤顶的结构如图 10-10 所示。该千斤顶齿条的顶端可起升重物外，在齿条的下部还有一个托钩，也可托起离地面很低的重物。

（四）使用千斤顶时的注意事项

（1）顶升重物前，注意放正千斤顶的位置，使其保持垂直，以防止螺杆偏斜弯曲及由此引起的事故。

（2）千斤顶上端与设备光滑的金属面之间，应垫以坚韧的木板；千斤顶的下底面如与松软的地面或坚硬光滑的地面接触，同样应垫以坚韧的木板，但不能使用沾有油污的木板作衬垫，以防止千斤顶受力后打滑，如图 10-11 所示。

（3）千斤顶的手柄应按规定使用，不得随意加长，也不准随意增加操作人数。

（4）顶重时，应均匀使用力量摇动手柄，避免上下冲击而引起事故和损坏千斤顶。

（5）使用时，应注意不使超过允许的最大顶重能力，防止超负荷所引起的事故。

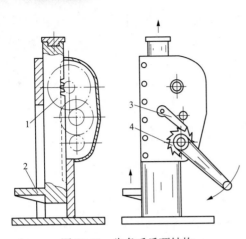 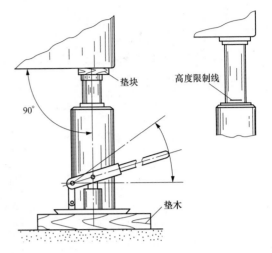

图 10-10　齿条千斤顶结构　　　　　图 10-11　千斤顶的使用

1—齿条；2—托钩；3—棘齿；4—棘轮

（6）使用时，顶升高度不要超过套筒或活塞上的标志线，对无标志线的千斤顶，其顶升高度不得超过螺杆丝扣或油塞总高度的 3/4，以免将套筒或活塞顶脱，导致千斤顶损坏并造成事故。

（7）在手进入起重物下抽取垫板或进行其他操作之前，要先放入一定安全高度的支垫物后，方可操作。

（8）放松千斤顶使重物降落之前，必须事前检查重物是否已经支垫牢靠，然后缓缓放落，以保证安全。

（9）为了考虑到使用中安全，切忌超载，带病工作，不宜作多台使用，以免发生危险。

二、链条葫芦

链条葫芦又称倒链。它适用于小型设备的吊装或短距离的牵引。链条葫芦是由主链轮、手链轮、传动减速机构、起重链及上下吊钩等组成。图 10-12 所示为采用行星式减速的链条葫芦结构。

链条葫芦的制动是靠重物的反作用力带动一个自锁机构进行的。自锁机构的结构和制动如图 10-12（b）～图 10-12（e）所示。

链条葫芦的使用与维护注意事项：

（1）在使用前，应检查吊钩、主链是否有变形、裂纹等异常现象，传动部分是否灵活。

（2）在链条葫芦受力之后，应检查制动机构是否能自锁。

（3）在起吊重物时，手拉链不许两人同时拉，因为在设计链条葫芦时，是以一个人的拉力为准进行计算的，超过允许拉力，就相当于链条葫芦超载。

（4）重物吊起后，如暂时不需放下，则此时应将手拉链拴在固定物上或主链上，以防制动机构失灵，发生滑链事故。

（5）转动部位应定期加润滑油，但严防油渗进摩擦片内而失去自锁作用。

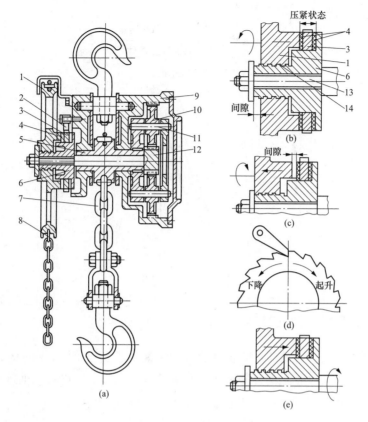

图 10-12　链条葫芦结构

（a）链条葫芦结构；（b）起升重物时自锁机构状态；（c）下降重动时自锁机构状态；

（d）起开或下降重物时棘轮状态；（e）在重物的重力作用下自锁机构的自锁状态

1—手链轮；2—棘齿；3—棘轮；4—摩擦片；5—主链轮；6—制动座；7—主链；

8—手链；9—齿圈；10—齿轮；11—小轴；12—齿轮轴；13—花键轴；14—方牙螺纹

第三节　其　他　工　具

一、喷灯

喷灯是一种加热工具。其结构如图 10-13 所示。喷灯是将燃油汽化后与空气混合喷出点燃的，产生高温火焰。

喷灯的使用方法：从加油孔把燃油注入油桶，油量只能加到油桶高度 h 的 3/4，余下的油桶空间贮存压缩空气。将一小团浸饱了燃油的棉纱放入预热盘中，然后点燃，加热汽化管。待预热盘中的油棉纱快燃尽时，用气筒打几下气，将桶中燃油压入已灼热的汽化管，再拧开调节阀，燃油汽化气经喷嘴喷入喷焰管，与空气混合后燃烧，成为火焰。火焰必须由黄红色逐渐变成蓝色时，方可将气打足投入使用。

熄灭喷灯时，应先关闭调节阀，使火焰熄灭；待冷却数分钟后再旋松加油螺母，放出桶内空气。

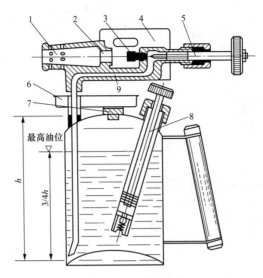

图 10-13　喷灯结构

1—喷焰管；2—混合管（空气与燃气）；3—喷嘴；4—挡风罩；5—调节阀；6—预热盘；

7—加油螺母；8—气筒；9—汽化管

喷灯常用的燃油是汽油或煤油，但注意这两种油不能混合使用。同时，用煤油的喷灯也不允许用汽油作燃油。使用时注意防火，加完油或放完气后，应将加油螺母拧紧。点喷灯时，喷火口的正前方要求宽敞，更不能对着人或易燃物。

二、液压扳手

液压扳手（全名：液压力矩扳手）是常规的液压扭矩扳手套件，一般是由液压扭矩扳手本体、液压扭矩扳手专用泵站以及双联高压软管和高强度重型套筒组成。

液压扳手有方驱式液压扳手和中空式液压扳手两大系列。方驱式液压扭矩扳手是靠方驱轴带动相应规格套筒来实现螺母的预紧，只要扭矩范围允许的情况下，可根据替换相应的高强度套筒来完成不同规格的螺栓拧紧，为通用型液压扳手，适用范围较广。中空式液压扭矩扳手则是配备过渡套使用。一般为在螺杆伸出来比较长、空间范围比较小、双螺母、螺栓间距太小、螺母与设备壁太小，或者一些特定的行业的疑难工况使用较多。在生产实际中，使用以方驱型液压扳手为主。

液压扳手的使用方法：

（1）使用前检查。

1）液压扳手、液压泵站使用前应检查是否有合格证，无合格证的液压扳手不准使用。

2）液压扳手、液压泵站使用前应检查外壳、电源线、开关、插头是否完整，如有缺陷，应找专业人员进行修复或更换后，方可使用。

3）液压扳手与泵站连接的高压油管外观检查应无破损、无老化现象；否则，不允许使用。

4）检查液压泵站油箱应无漏油痕迹，液压泵站油箱油位应在液位计 2/3 刻度位置，否则应拧开注油孔注入压力油（MOBIL DTE 26）。

（2）连接泵站：通过油管将液压扳手与泵站连接，连接过程中应保证油管快速接头紧固到位，不能留空隙，否则油管接头截止阀会卡住，油路不畅，不能正常工作。若钢珠卡住，需用布包覆扳手接头，用铜棒将其敲回即可。

（3）空载试运扳手：将液压泵站电动机电源开关接至线轴，试运液压扳手，检查液压扳手转动是否灵活、有无异音；同时，检查在试运过程中，相关接头是否漏油，若发生漏油应禁止使用。

（4）调节液压扳手压力：调整液压泵站压力以适应螺栓力矩，调整方法：将液压泵站力矩调节按钮向上提起，按顺势正方向转动为增加压力，逆时针方向转动为减小压力。调整完毕后，应通过液压泵站操作手柄启动泵站，检查压力是否满足要求，若不满足仍需继续调整，直至满足要求压力。

（5）放置扳手：根据螺栓的尺寸，选择合适的套筒，然后根据松紧情况将套筒放置于液压扳手驱动轴上，并注意其转向是否正确。

（6）调整支撑力臂：根据现场螺栓位置实际情况，调整液压扳手支撑力臂，使其在合适位置。调整方式：按下支撑力臂背部锁紧按钮，将支撑力臂取下，调至合适的牢固支撑位置后将其重新装至液压扳手上，并松开锁紧按钮。

（7）松紧螺栓：将液压扳手放置合格位置后，将液压泵站电动机控制按钮由"OFF"挡转至"ON"挡，按以下步骤操作液压泵站；①初次启动时，应首先按下复位按钮；②按下启动按钮，待泵站压力升至规定要求压力后方可松开，在未达到松紧要求后应反复②步骤；③在操作过程中，若发生支撑力臂卡涩或位置不合适时，应按下停止按钮，泄去油压后按下复位按钮后，再次按启动按钮，并按③步骤进行操作，直至达到要求；④松紧完毕后，按下停止按钮，停止工作。

三、气动扳手

气动扳手，又称棘轮扳手及电动工具总合体，主要是一种以最小的消耗提供高扭矩输出的工具。它通过持续的气源让一个具有一定质量的物体加速旋转，然后瞬间撞向出力轴，从而可以获得比较大的力矩输出。气动扳手结构如图10-14所示。

图 10-14　气动扳手
1—四方驱动头；2—按压开关；3—转向及转速调
节旋钮；4—进气口；5—排气口；6—套筒扳手

气动扳手分为两类：一类是常规性也就是很普通的冲击扳手；一类是脉冲气动扳手。两者的区别是：前者不能定扭矩，而后者可以定扭矩；气动扭矩扳手属于脉冲气动扳手。

气动扳手使用方法：

（1）使用前，应检查气动扳手进气口处有无异物，若发现异物时应及时清理，避免使用时，异物堵塞进气口；同时，向进气口处滴入不少于2～3滴润滑油，用于润滑扳手机芯，保证其使用动力。

（2）在气动扳手气源接头丝扣处缠上生料带，拧入气动扳手进气口处，拧入时要保证拧入到位。

（3）在气动扳手上气源接头进气口处接入气源带；首先，把套箍套在气源带上；然后，将气源带套入扳手气源接头处；最后，锁紧箍套以防止漏气。

（4）接通压缩空气，调整压缩空气压力，并监视气源管压力表示数不超过 0.6MPa。

（5）按下气动扳手开关处，空转气动扳手，检查气动扳手空转有无异音、是否正常；同时，检查扳手有无漏气现象，若发现漏气时，应查明原因进行处理，否则禁止使用；在使用过程中，若发现排气口出现轻微泄漏现象，属正常现象，可不做处理（排气口位置如图 10-13 所示），检查完毕后关闭压缩空气气源。

（6）根据气动扳手驱动四方头，选择合适的套筒扳手，如风动扳驱动四方头是 3/8in（英寸）的，就要选 3/8in 的套筒，再根据螺栓的规格，选择合适的套筒。

（7）按照螺栓松紧要求，通过调整扳手正反转调节按钮，进行调节，通过方向调节按钮，可进行方向调整：当将挡位键扳向 "R" 挡，其扳手旋转方向为顺时针，为紧固状态；当将挡位键扳向 "L" 挡，其扳手旋转方向为逆时针，为松解状态。

（8）调整气动扳手力矩，根据螺栓力矩要求对选择合适的力矩挡位，扳动力矩挡位调整至合适的挡位即可，本模块讲解所使用力矩扳手力矩范围为 1100～1700N·m，共计 3 个力矩挡位，其中 1 挡力矩最低，为 1100N·m，2 挡力矩力矩次之，为 1400N·m，3 挡力矩最高，为 1700N·m。

（9）开启压缩空气气源，控制其压力在 0.6MPa 左右，握住气动扳手手柄、按下按压开关，进行松紧螺栓。

第四节　量　　具

一、水平仪

水平仪用于检验机械设备平面的平面度，机件的相对位置的平行度，以及设备的水平位置与垂直位置。常用的水平仪有普通水平仪和光学合像水平仪两种。

（一）普通水平仪

普通水平仪有长条形和方框形两类。它由框架和水准器两部分组成，其结构如图 10-15 所示。框架的测量面上有 V 形槽，以便放置在圆柱形的表面上。水准器为-弧形玻璃管，玻璃管的上方外表面有刻线，内装乙醚或酒精，但不装满，留有一个小气泡，这个气泡永远处在玻璃管的最高点。如果水平仪处在水平位置时，则气泡就位于玻璃管中央位置；若水平仪倾斜一个角度，则气泡就向高处移动。根据气泡在玻璃管内移动的格数，即可知道被测面的倾斜度。

玻璃管上方外表的刻线，其刻线每一格所含的值标为该水平仪的格值。

水平仪的读数值是以气泡偏移一格时，被测物表面所倾斜的角度 θ 来表示，或者以气泡偏移格时，被测物表面在 1m 内倾斜的高度差 H 来表示（见图 10-16）。

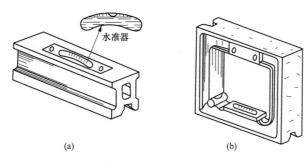

图 10-15　普通水平仪结构

（a）长条形；（b）方框形

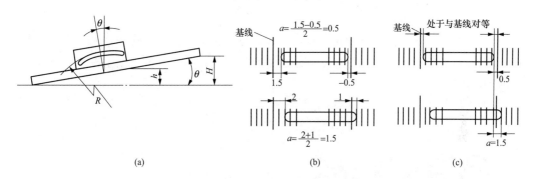

图 10-16　水平仪的格值和刻度读法

（a）水平仪状态图；（b）测量刻度状态图；（c）测量刻度总结图

在每台水平仪的铭牌上都标明了该水平仪的格值，格值的大小决定水平仪的精度等级。

普通水平仪的使用方法：

（1）在用水平仪测量物体平面的水平度或扬度时，为了消除水平仪自身的误差，应在第一次测量后，将水平仪原位调头 180°再测一次，取两次读数的平均值。

（2）若用水平仪检测物体平面的平直度、平面度时，则不用调头。水平仪自身的误差对检测平直度与平面度不产生影响，但在测量的全过程，水平仪必须始终保持一个方向不变。

用水平仪测量物体水平度或扬度时，其格数的计算方法如下：

（1）测量时，两次气泡的偏移方向相同，而偏移的格数不同，说明被测面不水平，水平仪也有误差（水平仪误差小于被测面水平偏差）。

设 a_1 和 a_2 分别为两次测量气泡偏移格数，则被测面水平实际偏差格数为：

$$a = \frac{a_1 + a_2}{2}$$

（2）测量时，两次气泡的偏移方向不同，偏移的格数也不同，说明被测面不水平，水平仪也有误差（水平仪误差大于被测面水平偏差）。

因气泡两次偏移的方向相反，故有正负之分，设偏移格数多的一次为正，以 a_1 标示，则 a_2 为负，故被测物水平实际偏移格数为：

汽轮机分册

$$a=\frac{a_1+(-a_2)}{2}=\frac{a_1-a_2}{2}$$

（3）被测物水平实际偏差量 H（mm）应为：

$$H=a\times水平仪格值\times被测物长度（m）$$

若被测面水平偏差较大，水平仪的气泡偏移至刻线以外，无法读出气泡偏移格数，此时可在水平仪低的一端垫上适当厚度的塞尺。所加塞尺厚度与水平仪的格数有如下关系：如水平仪的边长为 200mm，格值为 0.02mm/m，则水平仪偏移一格，其两端的高度差为 0.004mm。设垫片厚度为 0.01mm，即水平仪两端高度差为 0.01mm，此值相当于气泡偏移了：0.01/0.004 = 2.5（格）。

（二）合像水平仪

光学合像水平仪已被广泛应用于精密机械制造、调试、安装工作中。光学合像水平仪通过用比较法和绝对测量法来检验零件表面的直线度和设备安装位置的准确度，同时还可以测量零件的微小倾角。

光学合像水平仪的结构及原理如图 10-17 所示。

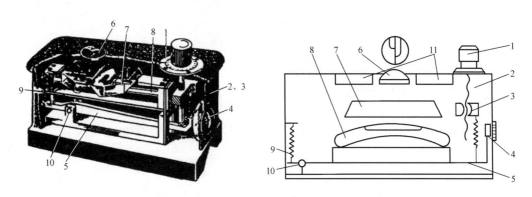

图 10-17　合像水平仪结构及原理

1—微调旋钮（等分 100 格，每格 0.001mm）；2—调整丝杆；3—螺母；4—侧窗口滑块；5—杠杆机构；6—凸透镜；7—三棱镜组合体；8—水准器；9—弹簧；10—杠杆支承；11—上窗口

光学合像水平仪的水准器 8 安装在一组杠杆平板上，水准器的水平位置可以用旋钮 1 通过丝杆 2 和杠杆机构 5 进行调整。丝杆螺距为 1mm，旋钮的刻度盘等分 100 格，故每格为 0.01mm，即该水平仪的刻度分划值为 0.01mm。

水准器玻璃管的气泡两圆弧分别用三个不同方位的棱镜反射至上窗口的凸透镜上，分成两半合像。当水准器不在水平位置时，凸透镜两半合像就不重合；处于水平位置时，凸透镜两半合像就合成一个整半圆。

该水平仪的特点，即水准器可以调整。如水平仪的底面（水平仪基面）处于不水平位置时，可调整水准器，使其处于水平状态。水准器与水平仪底面的夹角就是被测面的倾角（或高差）。

使用合像水平仪时，通常将水平仪的微调旋钮位于右手侧（这点对初学者尤为重要）。

合像水平仪使用方法如下：

184

先将合像水平仪自身调整到水平状态，凸透镜左右侧两半弧气泡合成半圆，侧窗口滑块刻度对准"5"，将微调旋钮调至 0 刻度线。使用时根据凸透镜气泡低的一侧标志符号的"＋""－"进行微调，目视凸透镜，当两半弧成一个整半圆时即停止调整。计算时，测量值＝侧面滑块指示线刻度＋微调值。水平调整时则为：当向"＋"方向调整时，测量值－基准数；当向"－"方向调整时基准数－测量值。调节方向在左右 1m 处分别垫高量达到计算水平调整值。

（三）使用水平仪的注意事项

（1）使用前，应将水平仪底面和被测面用布擦干净，被测面不允许有锈蚀、油垢、伤痕等，必要时可用细砂布将被测面轻轻砂光。

（2）水平仪应轻轻地放在被测面上。若要移动水平仪，则只能拿起再放下，不许拖动，也不要在原位转动水平仪，以免磨伤水平仪底面。

（3）观看水平仪的格值时，视线要垂直于水平仪上平面。第一次读数后，将水平仪在原位（用铅笔画上端线）掉转 180°再读一次，其水平情况取两次读数的平均值，这样即可消除水平仪自身的误差。若在平尺上测量机体水平，则需将平尺和水平仪分别在原位调头测量，共读 4 次，四次读数的平均值为机体水平情况。

（4）用完后，将水平仪底面抹油脂进行防锈维护。

二、百分表与千分表

百分表与千分表是测量工件表面形状误差和相互位置的一种量具。它们的动作原理均为使测量杆直线位移，通过齿条和齿轮传动，带动表盘上的指针作旋转运动。百分表结构如图 10-18 所示。

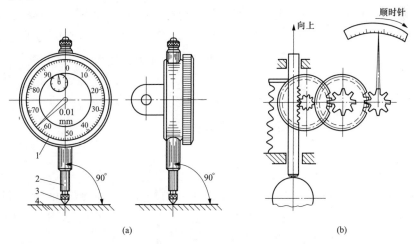

图 10-18　百分表结构

（a）外观；（b）内部结构

1—活动表圈；2—测量杆（齿条）；3—测头；4—工件

百分表的刻线原理：测量杆直线移动 1mm，表盘上的长指针旋转一周（也就是末级小齿轮旋转一周），将表盘圆周等分 100 格，则每格为 1/100mm。千分表的刻线原理：测量杆直线移动 0.1mm，表盘上长指针旋转一周，将表盘圆周等分 100 格，则每格为 1/1000mm。表盘上的短针用于指示长针的旋转圈数。

百分表和千分表。这两种表都配有专用表架和磁性表座。磁性表座内装有合金永久磁钢，旋转表座上的旋钮，即可将磁钢吸附于导磁金属的表面上。

使用百分表或千分表时应注意以下几点：

(1) 使用前，先把表杆推动或拉动 2～3 次，检查指针是否能回到原位置，不能复位的表，不许使用。

(2) 在测量时，先将表夹持在表架上，表架要稳。若表架不稳，则应将表架用压板固定在机体上。在测量过程中，必须保持表架始终不产生位移。

(3) 测量杆的中心线应垂直于测点平面。若测量为轴类，则测量杆中心应通过轴心。

(4) 测量杆接触测点时，应使测量杆压入表内一小段行程，以保证测量杆的测头始终与测点接触。

(5) 在测量中应注意长针的旋转方向和短针走动的格数。当测量杆向表内进入时，指针是顺时针旋转，表示被测点高出原位，反之则表示被测点低于原位。

三、塞尺

塞尺又称厚薄规，它由一组不同厚度的钢片重叠，并将一端松铆在一起而成。每片上都刻有自身的厚度值。在热力设备检修中，常用来检测固定件与转动件之间的间隙，检查配合面之间的接触程度。

测量时，先将塞尺和测点表面擦干净，然后选用适当厚度的塞尺片插入测点，用力不要过大，以免损坏塞尺片。用塞尺测量的测量精确程度全凭个人的经验，过紧、过松均造成误差，一般以手指感到有阻力为准，其手感要通过多次实践。如果单片厚度不合适，可同时组合几片进行测量，一般控制在 3～4 片以内。超过 3 片，通常就要加测量修正值。根据经验，大体上每增加 1 片，加 0.01mm 修正值。在组合使用时，应将薄片夹在厚片中间，以保护薄片。

当塞尺片上的刻值看不清或塞尺片数较多时，可用千分尺（分厘尺）测量塞尺厚度。塞尺用完后，应擦干净并抹上机油进行防锈维护。

四、游标卡尺

游标卡尺是一种测量零件长度、内径、外径的精密量具。规格：常见量程有 0～125mm、0～150mm、0～200mm、0～300mm、0～500mm、0～1000mm。常见精度有 0.02mm、0.05mm。游标卡尺结构如图 10-19 所示。

游标卡尺使用方法：

(1) 使用前，将游标卡尺及被测量零件表面擦干净，以免灰尘、杂质磨损量具，产生测量误差，并检查量爪的测量面是否平直无损。

(2) 将量爪测量面紧密贴合时，应无明显的间隙，同时游标尺和主尺的零位刻线应该相互对齐，即校对游标卡尺的零位，校对合格后方可使用。

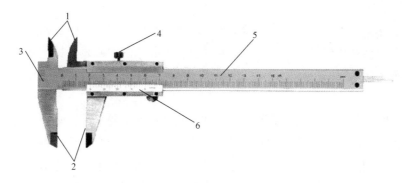

图 10-19　游标卡尺结构

1—内测量爪；2—外测量爪；3—尺身；4—紧固螺钉；5—主尺；6—游标尺

（3）松开紧固螺钉，缓慢滑动游标尺，使量爪间距离略大于被测零件尺寸，滑动过程应顺畅无卡涩。

（4）滑动游标尺，轻微施力使量爪测量面紧密贴合被测零件表面，拧紧紧固螺钉，此时游标卡尺读数即为被测物件的尺寸。

（5）测量内孔尺寸方法与测量零件外尺寸相似，将量爪在孔壁上稍微摆动，以便使量爪位于孔的直径方向。

游标卡尺读数方法：

以精度为 0.02mm 的游标卡尺为例，读数方法可分三步：

（1）根据游标尺零线以左的主尺上的最近刻度读出整毫米数。

（2）根据游标尺零线以右与主尺上的刻度对准的刻线数乘上 0.02 读出小数。

（3）将上面整数和小数两部分加起来，即为被测尺寸。

五、游标深度尺

游标深度尺用于测量凹槽或孔的深度、梯形工件的梯层高度、长度等尺寸，平常被简称为"深度尺"。常见量程：0～100mm、0～1150mm、0～1300mm、0～1500mm。常见精度：0.02mm、0.01mm（由游标上分度格数决定）。游标深度尺结构如图 10-20 所示。

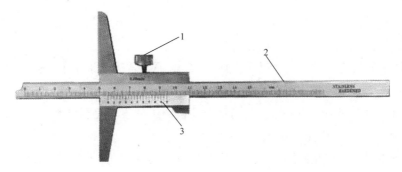

图 10-20　游标深度尺结构

1—紧固螺钉；2—主尺；3—游标尺

游标深度尺使用方法：

（1）游标深度尺用于测量零件的深度尺寸或台阶高低和槽的深度。如测量内孔深度时应把基座的端面紧靠在被测孔的端面上，使尺身与被测孔的中心线平行，伸入尺身，则尺身端面至基座端面之间的距离，就是被测零件的深度尺寸。它的读数方法和游标卡尺完全一样。

（2）测量时，先把测量基座轻轻压在工件的基准面上，两个端面必须接触工件的基准面。测量轴类等台阶时，测量基座的端面一定要压紧在基准面，再移动主尺，直到主尺的端面接触到工件的量面（台阶面）上，然后用紧固螺钉固定尺框，提起卡尺，读出深度尺寸。多台阶小直径的内孔深度测量，要注意尺身的端面是否在要测量的台阶上。当基准面是曲线时，测量基座的端面必须放在曲线的最高点上，测量出的深度尺寸才是工件的实际尺寸，否则会出现测量误差。

六、外径千分尺

外径千分尺常简称千分尺，它是比游标卡尺更精密的长度测量仪器。外径千分尺是利用螺旋副原理对弧形尺架上两测量面间分割的距离进行读数，适用于工件的外尺寸测量的工具。常用规格为 0～25mm 、25～50mm、50～75mm、100～125mm，150～175mm 等，每 25mm 一个等级，精度是 0.01mm。外径千分尺结构如图 10-21 所示。

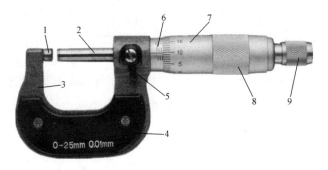

图 10-21　外径千分尺结构

1—测砧；2—测微螺杆；3—尺架；4—隔热装置；5—锁紧装置；6—固定套管；
7—微分筒；8—测力装置；9—旋钮

外径千分尺使用方法如下：

（1）使用前的准备工作、零位校准。

1）外径千分尺使用前，应检查有无检验合格证，若无检验合格证，应检验后方可使用。

2）使用前检查测砧、测微螺杆两测量面及被测工件表面是否洁净，检查被测工件表面是否有毛刺，如有，应先去除。

3）检查各部件的相互作用：①松开锁紧装置，向右或向左旋转测力装置，能顺利转动。②拧紧锁紧装置，向右旋转测力装置，旋转到棘轮发出"喀喀……"响声为止。

4）旋转微调旋钮，检查微分筒零刻度线与固定套筒零位线是否对准（若千分尺规格在 25～50mm 以上时，应使用校对量杆），若微分筒零刻度线与固定套筒零位线对准，该千分尺被视为合格千分尺，无需校正，如超出则需校正。

5）校正过程：用止动装置锁紧固定套筒、微分筒，用配套专用扳手插入固定套筒小孔内，转动固定套筒，将零位线对准即可。

6）若调零后误差仍未消除，应考虑它们的对读数的影响：可动刻度的零线在水平横线上方，且第 x 条刻度线与横线对齐，即说明测量时的读数要比真实值小 $x/100$mm，这种零误差称为负零误差；可动刻度的零线在水平横线下方，且第 y 条刻度与横线对齐，则说明测量时的读数要比真实值大 $y/100$mm，这种误差称为正零误差。

（2）外径千分尺的测量及读数。

外径千分尺是根据内外螺纹作相对旋转时能沿轴向移动的原理制成的，结构上有刻度的尺架设有中心内螺纹与能够转动的测微杆外螺纹是一对精密的螺纹传动副，它们的螺距 $t=0.5$mm。当测量杆旋转一圈时，其沿轴向移动 0.5mm，又因微分套筒与测量杆一起转动并移动，所以微分套筒既能显示出刻度尺架的轴向刻度值，又能借助微分筒上圆周的测微刻度读出测微值。微分筒在前端外圆周上刻有 50 个等分的圆周刻度线，微分筒旋转一周（50 格），测量杆就沿轴向移动 0.5mm，微分筒沿圆周转动一格，测量杆则沿轴向移动 0.5mm/50＝0.01mm。

七、内径千分尺

内径千分尺是利用螺旋副原理对主体两端球形测量面间分隔的距离，进行读数的通用内尺寸测量工具，用于物件内部尺寸的测量。

内径千分尺主要由微分头、测量触头和各种接长杆组成。成套的内径千分尺配有调整量具（校对卡板），用于校对微分头零位。内径千分尺结构如图 10-22 所示。

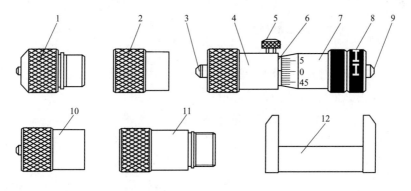

图 10-22　内径千分尺结构

1—测量触头；2—接合套；3—测头；4—螺纹轴套；5—锁紧螺钉；6—固定套管；
7—微分筒；8—校正螺母；9—测微螺杆；10—测量头；11—接杆；12—校正卡板

内径千分尺使用方法：

（1）检查内径千分尺外观有无影响测量的缺陷，擦净测量触头、测量头及测头，转动微分筒，检查其是否转动灵活，检查锁紧装置是否止动可靠。

（2）调零：使用之前，用软布或者软纸擦净测量面和校对环规的内孔，用校对卡板校对零位，且用力均匀。若内径千分尺的读数与校对环规所标数值不一致，用如下方法调整零位：首先将锁紧螺钉处于锁紧状态，然后松开校正螺母，使微分筒零位对正固定套筒纵刻线，最后再将校正螺母旋紧。用上述方法重新调整零位。

（3）内径千分尺在使用过程中，需要连接接杆时，应先旋下螺纹轴套上的螺母，再将接杆的右端旋紧到螺纹轴套的左端上。

（4）用内径千分尺测量孔径时，将其测量触头测量面支撑在被测表面上，调整微分筒，使微分筒一侧的测量面在孔的径向截面内摆动，找出最大尺寸。然后，在孔的轴向截面内摆动，找出最小尺寸。此调整需重复几次进行，最后旋紧锁紧螺钉，取出内径千分尺并读数。测量两平面之间的距离时，应沿多方向摆动内径千分尺，取其最小尺寸为测量结果。

内径千分尺读数方法：

（1）首先，确认内径千分尺精度值，其确认方法通过微分筒确认。

（2）读出副轴边缘在主轴上的刻度。

（3）读取和主轴刻度基线重合的副轴刻度。

（4）把（2）和（3）的结果相加，就得到（最终）测量值。

（5）内径千分尺被侧尺寸＝连接杆尺寸＋测量值＋50mm（微分筒零位尺寸）。

第五节　常用工器具及量具的保养及注意事项

一、工器具保养

（1）任何工具均应按其性能及技术要求进行使用，不得超出工具的使用范围。

（2）使用电动工具时，其电源必须符合电动机的用电要求（交直流、电压、频率等），并严禁超负荷使用。

（3）工具应定期进行检查，及时更换已失效或磨损的附件。电动工具应定期测定电动机绝缘并作记录，电源线、开关应保持完好。

（4）凡需加油润滑的工具，应定期进行加油润滑和维护。

（5）所有工具应存放在固定地点，存放处应干燥、清洁。盒装工具使用后，应清点并擦干净再装入盒内。

二、量具保养

量具是贵重仪器，应精心维护。量具维护的好坏直接影响其使用寿命和精度，量具保养要求做到以下几点：

（1）使用时不得超过量具的允许量程。

（2）用电的量具，电源必须符合量具的用电要求。

（3）所有量具应定期经国家认可的检验部进行校验，并将校验结论记入量具档案。不符合技术要求或检验不合格的量具禁止使用。

（4）贵重精密量具应由专人或专业部门进行保管，其使用及保管人员应经过专业培训，熟知该仪器、仪表的使用与维护方法。

（5）使用时应轻拿轻放，并随时注意防湿、防尘、防振，用完后立即擦净（该涂油的必须涂油维护），装入专用盒内。

 思 考 题

1. 小型电动工器具由哪些部分组成？

2. 传动机构的运动形式有哪些？

3. 电动工器具使用有哪些注意事项？

4. 常见的起重工具有哪些？有什么特点？

5. 千斤顶有哪些分类？

6. 千斤顶使用有哪些注意事项？

7. 水平仪的作用是什么？有哪些分类？

8. 普通水平仪的测量及读数方法是什么？

9. 合像水平仪如何进行操作？

10. 百分表、千分表使用时有哪些注意事项？

11. 内径千分尺如何进行读数？

12. 工器具的保养有哪些注意事项？

13. 量具的保养有哪些注意事项？

参 考 文 献

［1］中国大唐集团，长沙理工大学组编．汽轮机设备检修［M］.北京：中国电力出版社，2009.

［2］华东六省一市电机工程（电力）学会．汽轮机设备及其系统（2版）［M］.北京：中国电力出版社，2006.

［3］缪海雷．热力发电厂汽轮机设备安装与检修浅谈［J］.企业技术开发，2013，32（05）：110-111.

［4］郝宗凯，夏冰．试分析热力发电厂汽轮机设备安装与检修［J］.能源与节能，2019（07）：159-160.

［5］崔喜甫．火力发电厂汽轮机检修过程的精细化管理分析［J］.中小企业管理与科技（中旬刊），2019（07）：24-25.

［6］李伟斌．电厂汽轮机检修及维护技术要点分析［J］.科学技术创新，2017（31）：34-35.

［7］李发林．电厂动力设备节能技术分析［J］.中国资源综合利用，2019，37（12）：106-108.